江大成電商創業筆記

如何透過社群媒體、直播，轉化成商業流量，大成小館從零開始到年營業額破千萬的58堂課

江大成——著

【推薦序】失敗跟成功，都是人生的一部分

不待在舒適圈，勇於突破，不怕失敗，這是我眼中所看到的江大成。

大成有比別人幸運的環境，他是個不用打拚也可以過得比一般人幸福很多的人。但是大成從小就有自己的夢想，他曾是電競直播主、料理實境網紅、餐飲品牌創辦人、電競戰隊經理，以及現在的新身分——新銳作家。

嘗試過這麼多不同的領域，大成說他也有慘痛失敗的經驗，他曾在直播鏡頭前做足了效果，觀看人數卻只有13 人。

不過他跟我抱持著一樣的信念，我認為「失敗跟成功都是人生的一部分，所以何必如此在意」，大成則是主張「沒有人可以替自己決定事情的好壞，同樣的也要為自己的每個決定負責，趁年輕做自己想做的事，失敗了也都是很好的經驗，成功了可以繼續往下走」。

我也一直主張，臺灣必須創造一個讓年輕人勇敢追夢的環境，讓年輕人養成不怕失敗的勇氣，並且能夠從失敗中得到養分，不害怕失敗，才能大膽創新。

大成也說，「追夢，一定要科學合理，它不是放縱任性的藉口」，確實，在勇於突破之前，一定要設想每一個環節，盡可能做好應變措施。在每一次的實踐之後，都要思考「如果重來一遍，我要怎麼做才能做得更好？」，把每次的修正放進 SOP 裡面。每次進步一點，累積起來就會是大進步。

大成在本書中就提到很多青年創業時的故事，相信可以讓讀者去思考「何謂創業」、「如何創業」。

這本書不是硬邦邦的創業教科書，在字裡行間，我看到的是大成的幽默、誠懇與自信，值得推薦給所有年輕的朋友們看一看。

台灣民眾黨黨主席 柯文哲

【推薦序】打開自己無限的可能

我總覺得，創業的朋友談自己初創事業的心情，唯有初戀可以比擬，酸酸甜甜，點滴在心頭。

我第一次碰到大成，是在一個小餐聚上，他當時剛好坐我旁邊。一整晚，他跟我分享很多他在上海從事電競行業的心得與經驗，當時我的印象是，這位大成兄很有想法、很積極。後來得知他從上海回到臺灣創業，把不同視野以及累積的經驗帶回臺灣、回饋臺灣，我更加感覺，他足以擔當臺灣年輕人的楷模了。

在本書中，我不僅讀到大成真誠的分享，更重要的是，他展現出年輕人創業的熱忱，不斷努力、永不放棄。支持創新，鼓勵創業，是我從事公共事務以來一直所堅持的，尤其「投資金」、「匯人才」、「促成交」，更是推動科技創新、提升產業動能的關鍵。

臺北市要永續發展，必須這麼做；臺灣要在國際上持續存在，亦唯有這麼做不可。這是臺北市的發展之道，也是臺灣的生存法則。

大成運用不同的理解角度出發，從他創業的第一桶金、到對工作夥伴的選擇，以及如何成功完成銷售……等，都是自己從青年創業的歷程中，慢慢學習來的經驗。其中有許多艱辛，足以成為更年輕的創業者借鏡的寶典，不重蹈覆轍，把前輩血淚化為成功的寶典。

我很喜歡大成在書中分享的創業故事，過去我在擔任律師期間，曾協助許多新創公司、天使投資人以及創投機構完成多項融資，這些過程讓我感到非常有成就感，令我感到成就感的，並非金額有多龐大，而是我能在這些創業團隊資金最匱乏、處境最艱辛的階段，給予他們法律上的協助，直到最後順利完成融資。

因此，我更能體會新創團隊所面臨的挑戰與瓶頸，這也是為什麼我很早便提出支持新創的相關政見，希望能幫助到後疫情時代的創業朋友們。

大成也在書中分享很多零售電商創業的痛點，以及對它們的解決建議，這些實例都是很棒的經驗分享，相信對於正走在同一條道路上的年輕朋友們會有很多啟發。身為首善之都的臺北市長，我更要期許市府團隊能更好、更快的幫助到各行各業，在後疫情階段快速振興。政府的角色是排除法規的障礙，提供協助輔導新創團隊的平臺，讓年輕創業家們可以盡情發揮、展現最大潛能！

大成是一個很活潑的年輕人，是臺灣年輕文化的典型之一。他從電競到創業，選擇的都是新興且頗具挑戰性的領域。我非常欣慰看到臺北市的整體環境，能孕育出這樣優秀的年輕人。

而在本書中，可以閱讀到大成風趣又誠摯的文字，這是一本讀起來有趣又絕對有收穫的好書，我誠摯推薦給所有未來充滿無限可能的年輕朋友！

打開一本書，打開自己無限的可能！

臺北市市長 蔣萬安

【自序】沉浸式體驗我的人生選擇題

「哈囉大家好，歡迎收看每週三晚上八點，我的私廚是大成！」這句話我每週三晚上都說，已經說了三年，破百集。因為新冠疫情回到臺灣的我，「直播」成為了我生活、工作和休閒的一部分，也成就了現在的大成小館。本書中會介紹到如何從社群媒體、直播經營轉化成商業流量，最後創業形成自有品牌的完整過程跟心法。

當然，除了經營品牌，創業中包含了方方面面，現金流斷裂破產、第一桶金哪裡來、奧客的客服、形形色色的代工廠……等，在書中我都會以個人的實際經歷進行分享與分析，相信對於想要創業、正在創業、考慮放棄創業（？）的年輕朋友們，都會有很大的幫助。

在創業的這些年，我碰到了各種各樣的人、事、物，有演藝圈的大前輩、離奇的上海創業故事、臺灣默默耕耘的青創家，從他們身上我學習到了很多，這些經歷也以我的視角收錄在此書中，一起來沉浸式體驗我體驗過的趣聞趣事！

創業、進修、職場、勞逸平衡，處在青年階段的朋友們，一定會經歷這些人生選擇題，我肯定無法告訴你們怎麼做才「對」，但我把做了什麼、怎麼做、為何而做，完完整整的寫進了書中，包括我碰到的慣老闆、二十七歲的搖滾樂團、放棄的美國碩士……等。看完一定心有戚戚，希望能對你現在的生活提供新的視角。

這本書創作的初衷是「演講常見問題集」，在我演講時，現場同學們的提問，讓我有了想要系統性回答這些問題的念頭，於是就掉進了寫作的深淵中，還好最後順利完稿，才有了這本書。

既然是演講時同學們的常見問題，相信一定也會是你的常見問題，來看看我是怎麼面對這些問題的吧！

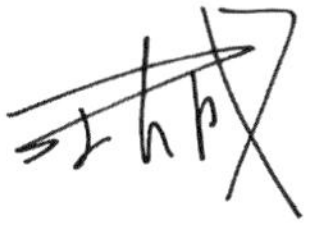

/ 目次 /

PART3 **現在，我們談如何賺錢**——創業的眉眉角角

PART4 **創業人，創業事**——一些創業的小故事

PART 1

What is 創業？

——創業的基礎邏輯

創業！創業？創業對我來說是什麼？

歷史課本中，我們都學過猶太人是最會經商的民族之一，在他們的血液中，彷彿流淌著經商的天分。有人說，猶太人的經商天才是「被迫」發展出來的，在人類五千年的歷史中，他們有兩千多年流離失所且屢遭迫害。

靠著敏銳的商業嗅覺，他們在各國之中累積財富，獲得了當地統治者的重視，進而得到了庇護，他們經商、創業，是面對殘酷的現實叢林而必須孕育的生存之道。

在中國歷史中，晉商、徽商也都是成功商幫的代名詞。他們的起源與明初的「鹽法」息息相關，靠著食鹽專賣，他們累積了從商的第一桶金。這當然也是歷史中可遇不可求的機會。

上述兩者的創業起源，無不是「環境」所造就的，沒有人天生就是創業好手，也沒有人會因為一心想創業而創業成功。

「大成小館」是怎麼開始的呢？在創辦大成小館之前，我在上海從事電競相關工作，電競不僅是我的熱情所在，更是我看好的未來新興產業。然而 2020 年春節，本來從上海返臺過節的我，因為碰上了新冠疫情爆發，無法返回上海工作，開始了長達兩個月的遠距上班（最終變成留職停薪）。

在這兩個月的時間，「時間充沛」的我，每天在家進行我的另一個興趣——做菜。不僅僅是做，我更會 PO 粉專、開直播，反正遠距上班，有的是時間（經過疫情的大家懂的都懂），於是慢慢培養出了一個小有流量的粉絲專頁。

「你做的菜看起來都好好吃，想吃同款＋1。」有一天在直播中，我注意到了這則留言，除了被奉承的開心之外，我聞到了錢的味道。於是我便拿了出社會工作後的第一桶金，生產第一批的商品，開啟了創業之路。

「創業」從來不在我的人生規劃之中，它是因緣際會出現在我面前的一個選擇。如果沒有疫情，我可能就沒有時間經營粉專，可能就不會出現讓我決定創業的「關鍵留言」，可能就沒有現在的大成小館。

反之，因為具備了這些條件，創業才成為了我的選擇之一。當然，我們可以透過努力去創造機會，並且牢牢抓住它，然後付出更多努力去取得成功，但是不要掉入了「一定要創業」的盲區。停下腳步，檢視手邊的資源，充實自己，創造出有利的條件，再去尋找創業的可能性。

一場疫情，有人生意虧損、有人丟掉工作，但我相信危機就是轉機，也有人因此有更多的時間去經營、充實自己，也有人在兵荒馬亂之際找到了新的商機。就像明朝頒布的「鹽法」一樣，每個時空背景都有屬於它的魅力與機會。在生活富庶、科技進步的現代，或許沒有「鹽法」的天賜良機，但是我們有電商、網路、社群，有更多可以為自己創造有利環境的工具，好好利用它們，找到屬於你的創業機會吧！

不要害怕當那位劈開「紅海」的摩西

「摩西分紅海」是《聖經》中的經典故事，但我們不是要說這個。在商業策略中，我們會用「紅海」、「藍海」來形容不同的市場。紅海代表既有市場，有明確的商品屬性、通路、定價等，企業之間通常以價格為主要的競爭手段；藍海則代表新興市場，在藍海市場中競爭者少，甚至沒有。乍聽之下會讓人認為：「青年創業當然要選藍海啊！我們又比不過那些大企業。」對，也不完全對，且聽我娓娓道來。

在所有場合之中，大家聽到大成小館選擇要做乾拌麵的時候，第一個反應都是：「蛤！乾拌麵很多人在做欸，你做得過其他人嗎？」

已經司空見慣的我，通常會公式般的回覆：「對啊！沒關係，我只要吃這塊大蛋糕上的一顆小草莓就好。」之所以會感覺這麼「佛系」，是因為我知道要找到屬於自己的藍海，是多麼困難的一件事。

紅海之所以為紅海，就是因為它是已經被認可的市場，食品、衣著、電器、生活用品等，都擁有紅海市場的屬性。在這樣的市場中，不需要擔心做出來的商品是沒有人要用的，雖然競爭者眾，但依然能找到屬於自己的受眾。以大成小館乾拌麵為例，因為「大成小館」的社群經營，我們可以接觸到認識這個品牌的客群，在價格相近的情況下，他們依舊會選擇我們的商品。

而藍海之所以為藍海，就是因為它人跡罕至。在數以千萬計的產品、服務當中，創造出一個新的、沒有競爭者的商品，是非常困難的一件事，其中包含的智慧、技術、機緣是很大的，更何況還有可能面臨最終產品不一定有市場需求的風險。

我很喜歡看日本綜藝節目中各式各樣創意的發明，譬如說，為了在電車上打盹而發明的可以吸住車窗的吸盤帽（這個真實存在，大家可以去查），雖然覺得很有創意，但是不禁會想，真的有人會買來用嗎？它無疑創造了藍海，但卻感覺像是把船開進了無風帶，遲早會沉。

就青年創業而言，我們可能沒有最頂尖的技術、最完整的市場調查、最充沛的研發時間，有可能在找到藍海之前，船就先沉了。如果能開發出藍海市場的產品固然很好，但是也不需要害怕當那位劈開「紅海」的摩西。大成小館的乾拌麵，我們鎖定家庭客群，以特別的口味、大份量、高 CP 值，在乾拌麵的紅海之中，闢出自己的航線。就算競爭者眾，透過社群經營和品牌建立，也慢慢穩住了一席之地。在紅海商品中，附加上品牌價值、通路價值、社會價值，也都是商機，不要因為不是藍海而裹足不前，希望大家都可以成為那位劈開紅海的摩西。

註：這裡的紅、藍海僅是借用此概念，與商業中的專業「藍海策略」並無直接關係。

每天工作八小時到全年無休，這就是創業

「機票已經幫你訂好了，明天就飛來上海吧！」上海的電競俱樂部總監一句話，我義無反顧的飛去上海，開始我的電競戰隊人生。

我在大學時期，電競產業蓬勃發展，還沒畢業前，我就立志要進入電競這一行。我打過電競校隊，做過電競記者，做過助理，經過三年的努力，我終於得到真正深入電競的工作——電競戰隊經理。

每天工作十二個小時，一個月只休四天，儘管忙碌，我依然過得非常開心充實。那麼為什麼最後我選擇創業了呢？

2020 年新冠疫情爆發，當時在臺灣放年假的我，一時無法返回上海，我開始了長達兩個月的遠距上班。期間我也利用空檔經營美食社群，而且成績略有起色。

這時的我有兩個選擇：返回上海繼續電競，或是鼓起勇氣開始創業。

電競對我來說是夢想，是我付出努力好不容易得到的成績，創業反而是一條陌生未知的道路，在面臨抉擇的時候，我考慮了兩件事。

一、我想要怎麼樣的未來？

十年、二十年之後的我是什麼樣子，電競行業中，我只能是一個員工，就算有再高的年薪，也必須受制於公司安排。現在我可以灑熱血每天工作十二個小時，但是我有這麼多血可以灑嗎？

二、生活是什麼？

生活除了工作外，還有很多面向，家庭、休閒、想完成的事，繼續待在電競行業中，我只能把工作當成生活，還要跟家人分隔兩地，這真的是我想要的嗎？

在這兩者的考慮之下，我毅然選擇放棄上海得來不易的電競生涯，開始創業。說實話，在創業過程中，我無數次想過放棄創業回去上海。創業的時候，沒有人告訴我應該怎麼做，沒人告訴我會有怎麼樣的未來，面對未知的恐懼，每一步都如履薄冰。隨著第一波的產品推出並銷售一空，我的內心很快就被成功的喜悅及忙碌的節奏給占據，根本來不及去感受恐懼，就已經在創業的路上飛奔而馳。

進入一般職場，會有前輩的帶領，有公司的資源，有明確的行進路線、安穩的薪水，如果再契合自身興趣又離家近的話，是一個非常好的選擇。

創業則是一場賭局，要打好手中的每一張牌，去搏得最高的勝率。然而當它收成的時候，自由的時間、金錢、人脈，都是掌握在自己手上的。

在創業之前，一定要評估好機會成本，不僅僅是投入的資金，還有原本放棄工作的月薪、自己的身心健康、休閒的時間，在創業真正成功之前，當老闆會比當員工還要累。以時間占據的角度來說，工作從原本的每天八小時，變成全年無休。我現在走到哪裡，都在看別人的產品，有機會就要市場調查，身邊的友人常罵我：「出來玩你可以不要一直想工作的事嗎？」

而我只會淡淡回他一句：「這就是創業啊！」

沒錯，這是一篇勸退文，如果看完之後，你還是毅然決然要創業，那麼恭喜你已經完成創業的第一步了。

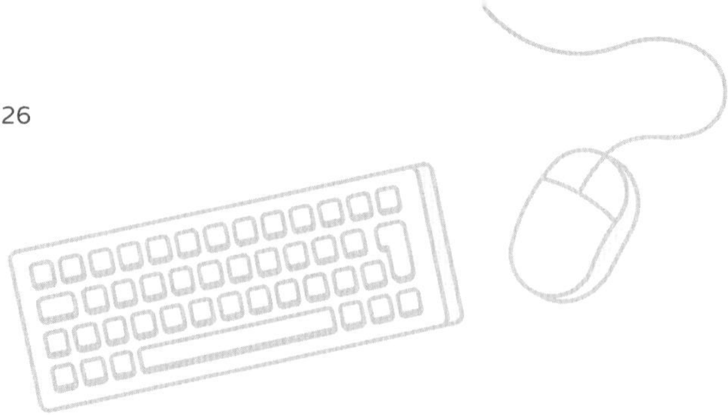

跟同仁一起悟道的企業文化

「請問大成，你對創業公司企業文化的規劃是什麼？」面對同學的舉手提問，我頓時感到語塞，因為我也沒有思考過「企業文化」對我來說是什麼，抑或是大成小館還沒有來到需要考慮此事的規模。

大成小館的第一號員工，當然是我自己。大成小館最初的業務，就是好好經營粉專，因此包括內容生產、編輯、社群互動，都是由我自己一人用手機完成的。而隨著產品推出在即，需要的人手也就愈來愈多，第二號員工就此出現。

他是我的大學同班同學，我們對於電商、食品都不熟悉，唯一的共通處就是對美食的熱愛，還有一顆年輕的心。我們一起拜訪代工廠、試口味、命名產品，邊做邊學，跟著大成小館一起成長。

一開始，我們合作的每件事都一起討論，而後隨著他慢慢上手，又跟我有默契，便可以把很多的策劃、決定交給他，讓我可以有更多時間去做只有我能做的事情。這是我們配合的默契，也是屬於我們的「文化」。

隨著業務量增加，美編、物流、客服等都是需要人力的地方，大成小館的團隊也日益擴張。在大成小館的工作內容中，每位同仁都有自己負責的專項，但同時也要支援其他工作，每個人都要了解自家產品，每個人都要有「戰鬥力」。

雙 11 是電商的大檔期，大成小館團隊當然是整裝備戰。在活動前，每個人都專人專項負責自己的工作：美編提前製作字卡、物流提前盤點備貨、優惠方案提前策劃。雙 11 直播當下，我要無後顧之憂地負責幕前的工作，而幕後後勤、線上客服等，就要交給我最信任的同仁們。

全部同仁都要支援客服以及出貨，確保能最有效率的解決顧客的所有問題。我們團隊的人數不多，所以大家的交流很緊密，每位同仁對於其他同仁手上的工作都熟悉，所以可以很快地補位、支援。

對於大企業來說，專人專任會是最有效率的工作方式，在這樣的基礎下，會衍生出各式各樣的企業文化，包括福利、制度、同僚關係等。但對於像大成小館這樣的新創公司，緊密的配合、快速的補位、眾志成城的精神，才是最適合我們的工作方式。

這種緊密的方式，讓工作同仁們更像朋友、像家人，有好事會分享、有困難會扶持，這才是屬於我們的「企業文化」。

在創業的路上，我目前沒有考慮要「塑造」怎麼樣的企業文化，反而是一起打拚的同仁們，透過一次一次的合作而產生的配合默契。

企業文化，就留給大成小館上市上櫃的那一天吧！

大成小記

1. 「創業」充滿想像，但實際情況是想辦法效率工作才是王道。
2. 企業文化等到公司有規模之後再去考慮，避免淪為紙上談兵。
3. 企業文化不是創業者一個人拍板決定的，而是跟工作的同仁一起「悟」出來的。

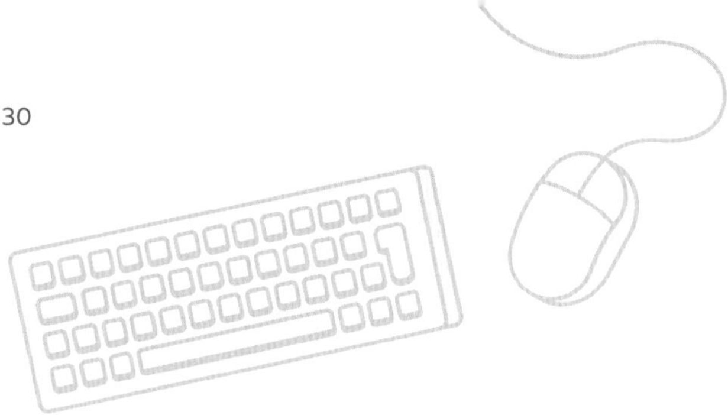

從 1 邁向 100，我的擴張邏輯

「大成老師，請問你們這樣經營，不會擴張得很慢嗎？」在一次演講中，同學的發問點出了一個創業很重要的提問。

我當下的回答是：「會，但隨著時間推移、經驗不斷增加，我知道我會找到答案。」而現在，我有答案了。

大成小館創立之初，用著第一桶金，一檔產品一檔產品的製作、銷售，摸著石子渡河，進展固然很慢，而且沒有加速的跡象，這一切到了大成小館的品項充足後，才慢慢開始好轉。

當大成小館乾拌麵有六種口味時，品牌知名度也愈來愈高，因此我們收到了很多不同電商通路的合作邀約，上架、團購、分潤等各種不同的合作模式，把通路舖出去，規模的成長速度也快了起來。

另外，因為已經熟悉產品的生產模式，我們在各品類的產品研發速度也更快，拌麵、鍋物、沾醬的新口味如雨後春筍般地推出，在評估庫存風險過後，產品項目的增加，也擴張了我們的規模。最後就是坐享其成，因為規模夠大、品項充足，合作的品牌、廠商、通路自然而然地會來接觸，逐漸形成正向循環。這是大成小館按部就班的擴張方法，雖然較慢，但穩穩當當。

我有一位學長在做創投，聊天之際，他經常分享他投資的新創成功案例，其中動輒上千萬投資，創業第一年就入住 101 辦公大樓的例子不計其數。然而他也說到，最終能成功轉化成投資收入的，大約只有三成，很多新創公司最後也只能做轉手或被併購。對他來說，這是投資報酬率的計算，但對創業者來說，就相當於創業失敗，即使拿到了大額的投資、快速的擴張，也未必就是創業成功。

很多人會說，對新創公司而言，最重要的是「可複製性」，如何把一個商業模式快速複製、規模化，才是創業成功的關鍵。這當然沒有錯，但是這是針對已經有資金、虧得起，想做連鎖、加盟的人的策略。對於我來說，創業經營大成小館第一個想的是：活下去，等到有資金、有經驗、有人脈，再尋求擴張的機會，這樣的商業模式對個人青創來說，是最穩紮穩打的方法。

擴張的模式也有很多，像大成小館的擴張是新的品項、新的通路；而服務業則是分店、服務項目。在擴張的同時，要注意跟原品牌的屬性是否相合，諸如顧客群、價位定位、品牌形象等，如果大成小館突然開始賣女性皮鞋，我相信應該沒人想看我穿吧！很多品牌在這時就會推出子品牌、副牌，來跟原品牌做出差異化喔！

大成小記

1. 擴張有很多種，永遠考慮擴張的速度、幅度，不是愈快愈好。
2. 青創微創，先想如何活下去，再想如何做大、擴張。
3. 擴張也不忘注意得來不易的品牌形象，品牌定位永遠要精準。

因為我超省，我選擇共享經濟

共享經濟，是前幾年很潮流的名詞，Uber、Airbnb等現在家喻戶曉的服務，也是在這個概念下誕生的。而共享經濟對創業者來說，是很重要的一環，把這個概念放在心中，可以節省很多成本！

大成小館的業務量成長起來之後，倉儲就成為了一大問題，在原本的辦公空間出貨，已經不是可行的方案，因此我們便踏上了找尋倉庫之旅。旅途一開始非常的不順利，最簡單的原因就是：貴！臺北近郊的中型倉庫動輒新臺幣十萬元，甚至二十萬元，對於剛創業不久的我們來說，是非常大的一筆開銷。

此時我心想，既然覺得貴，那就找人一起分租！我先從身邊的親朋好友中，打聽有沒有閒置的倉儲空間，我願意支付租金來使用，對於這位親友來說，也可以補貼空間閒置的費用。最後輾轉之下得知，我的一位表舅，他的木工廠倉庫正好有閒置空間，我便以一個很合適的價格租了下來，這不但解決了我們倉儲的問題，也讓大成小館後續的擴張，有了十足的底氣。

除了倉庫外，一些職位也很適合共用。對於新創公司來說，必不可少的工作就是美編。無論是新商品推出、廣告平面設計、官方網站主視覺，都需要美編人才。但是以新創公司的工作量，或許填不滿一位美編一整個月的工作時間，這時候有些人會選擇找接案美編（case by case），有需求的時候再發工作。

不過這樣做唯一的問題就是：貴！於是共享美編的概念就很重要。由兩、三家公司一起雇用一位美編，在正常工作量安排的前提下，分攤美編的人事成本，卻又滿足了公司的需求。同樣的邏輯，也適用在會計、剪輯、攝影……等工作上。

另外，辦公室也是新創公司很大又顯得沒必要的開銷，畢竟現在一切都可以利用網路溝通、開會，只是有時還是有一定要聚在一起的時候，當面溝通也會比較有效率。這時候，很多人會選擇共享工作空間，這也是最近很流行的趨勢，既節省成本，還有其他的附加價值。數個新創公司共享工作空間，有時候會有相似的業務、資源可以交流，迸發出新價值的同時，還節省了時間、金錢。

對於大成小館而言，我們是獨資公司，沒有可以揮霍的錢，所以除了產品不能馬虎之外，其他的錢我們都要做最有效的利用。在創業過程中，省錢並不可恥，甚至是應該的！把金錢拿來設計更好的產品、提供更好的服務、創造更好的品牌形象，而行政、執行的費用，則透過共享、流程化來提高效率，這樣的創業公司才能愈做愈好喔！

大成小記

1. 創業維艱、能省則省。
2. 共享經濟的概念要放在心中，創業過程中，有很多人、事、物是可以共享的。
3. 把自己的需求提出來，也許身邊就會出現能伸出援手的人喔！

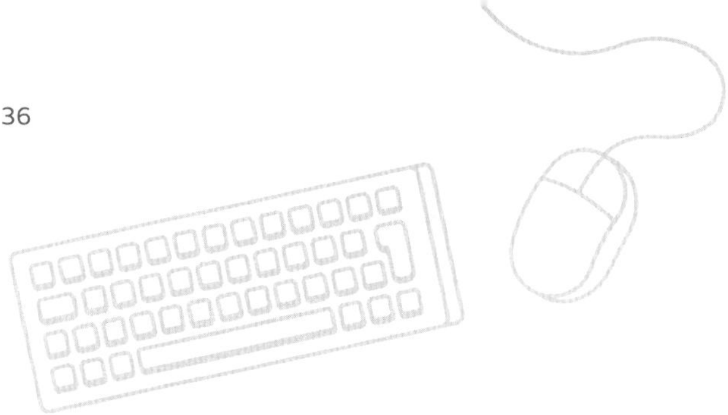

創業基金怎麼花？「省」出來的寶貴經驗

拿著帥氣的公事包、出入有司機接送、穿著光鮮亮麗的西裝，偶像劇裡的青年創業霸總，年輕有為之餘還風度翩翩。但實際情況是，滿頭大汗、能省則省、能自己完成絕不花錢請人，這才是我的真實寫照。

大成小館創立之初（其實一直到現在也是），我們都秉持著能自己學著做，就把經費省下來的精神，也因此我們學會了各式各樣的技能，也了解到各種服務箇中的辛苦，以及合理的收費。

我們碰到的第一個難題，就是拍照。為了讓大成小館的麵在成品上有美味可口的照片，我們需要對成品擺盤、拍照。「拍產品照」對於沒有經驗的我來說，很直覺地就想到要外包給攝影公司來拍，這樣才夠專業、好看，我心中預期的價格，也很天真地以學生攝影的價格來估計。沒

想到專業攝影詢價下來，一天的拍攝動輒數萬乃至數十萬元，這已遠遠超出我們可負荷的預算。在團隊幾經商量之下，我們決定先自己試試看，我負責掌廚擺盤，同仁負責攝影拍照。

為了呈現出美味可口的擺盤，我參考了很多樣品，從別家的商品圖到美食街的樣品食物，觀察配色、立體感、主材料的凸顯，同仁則負責研究燈光、相機使用及後期調色等。我們畢竟都不是專業出身，只能邊做邊學邊調整，過程雖然辛苦，但還是有完成使命。

隨著我們技術不斷的進步，大成小館的產品從舊到新能明顯看出，照片愈拍愈好看，我們自己回顧起來也不禁莞爾。也因為自己付出過辛苦，才知道專業攝影團隊的收費是有其合理性的，拍攝當下既辛苦、技術專業又很難。

除了拍攝之外，另一項讓我們付出辛苦汗水的工作是出貨。我們第一項產品，在一週內就賣出了兩萬包，數以千計的訂單，讓沒有經驗的我們一時之間手忙腳亂。手忙腳亂之餘，也感受到人力的嚴重不足。但由於經費的關係，我們沒有選擇請工讀生幫忙，而是選擇提高效率、優化流程，透過分工合作、流程化的包貨出貨，讓少少的人發揮大大的力。這套流程也成為了大成小館日後的出貨準則，是我們用血與淚換來的寶貴經驗。

創業過程中能省則省，這是沒有問題的，但是一定要把機會成本、比較利益的概念放在心中。當業務來到一定規模時，每個人的效率就會比省錢來得更加重要。同樣的時間裡，我花錢請人負責包貨，把省下來的時間拿來多開一場直播，其帶來的效益會比我節省下的人事費更多，那我肯定選擇花錢請人。「什麼樣的規模，花什麼樣的錢」，是所有創業者一定要把握好的原則！

大成小記

1. 創業前期能省則省，不僅能省下金錢，更能累積經驗。
2. 只有自己經歷過、體驗過，才會了解業界的服務、專業知識，他們的合理收費範圍在哪裡。
3. 機會成本是很重要的觀念，省錢固然重要，該花還是得花啦！

PART 2

活到老，學到老

——創業者的自我投資

厲害啦！綜藝大哥吳宗憲教會我的處世之道

「哎呀！厲害了，大成這個年輕人口條非常好！」綜藝大哥吳宗憲對我的讚譽有加，使我感到備受肯定。

為了宣傳大成小館，我也經常上臺灣各大電視節目，年輕小咖的我，在攝影棚難掩緊張生澀。然而各個經驗豐富、魅力四射的主持人，卻能很好的引導我表現自己所長，其中讓我印象深刻的，就是吳宗憲憲哥。

第一次錄製《綜藝大熱門》時，人生地不熟的，在一眾藝能老手之中，我顯得有些格格不入。這時憲哥來到棚內，在打完一圈招呼之後，便看到我這個生面孔，看了看我的簡介後說道：「唉呦！江大成，臺灣大學，不錯喔！等等看你表現。」

我當然是點頭如搗蒜般的答應。開始錄製後，因為是金頭腦比拚，有許多知識問答，憲哥總能抓到適合我的問

題丟給我，讓我有表現的機會。在我完整解釋完之後，憲哥也能隨機接上笑哏，來讓這段原本生硬的知識講解變得生動有趣。

第二次錄製《綜藝大熱門》時，憲哥看到我馬上說：「唉呦！大成，又來啦！」這讓我備感榮譽，也暗讚憲哥的記憶力，在每週錄影要碰到幾十名來賓的情況下，他竟然能一眼就叫出我的名字。錄影開始，在來賓介紹環節輪到我的時候，憲哥介紹說：「大成這個年輕人不得了，鏡頭給到他的時候，他能清楚表達、口條很好，這是現在很多年輕人做不到的。」他不僅記得我的臉，也記得我的表現，還給予肯定，讓我打從心裡敬佩這位綜藝大哥。

跟憲哥的相處，讓我學會兩件事，首先，自身的業務能力要非常強，才能游刃有餘的面對各種情況。對憲哥來說，他是主持人，把控節目錄製節奏、精彩，就是他的業務能力。面對我這樣的新素人，他依舊能找到亮點讓來賓發揮，同時又寓教於樂。

第二，為人處事的細節，憲哥在小動作中能把他對來賓的尊重體現出來，記得來賓的名字、為來賓找到適合的呈現、讓錄影的氛圍愉快起來，這些才是能讓人真正折服的人格特質。

從憲哥身上的學習，我培養兩種習慣：第一，預習。業務能力不一定面面俱到，難免碰到不熟悉的領域或能力不及的事情，但是預習能大幅化解窘境。跟廠商開會前，我會預習他們所有的品項、定價、行銷習慣，讓我可以快速進入狀況，也避免被話術引導。直播前，也先預習要講的話、要做的菜，直播現場時才能應付突發狀況。

第二，記人。創業會碰到形形色色的各種人，記住每個人的名字、興趣，投其所好的聊天，能更讓人印象深刻。有一次跟代工廠大哥開會談報價時，因為我記得他有女兒，便帶了限量的庫洛魔法使抱枕當伴手禮，結果會談非常順利，後來還成為朋友。實在記不住人，就記得事前預習吧！

大成小記

1. 預習每一件事，會讓自己更游刃有餘，有助於提升工作效率。
2. 要讓人印象深刻，比起表現自己，更重要的是，讓對方感受被尊重。
3. 對待每一個人，都要真誠，投其所好不是巴結的表現，而是用心。

談生意就像談戀愛，你情我願才是最高境界

在大成小館成立的第二年，我們收到很多商業邀約，有合作出品的、有請我們幫忙銷售的、有想注資入股的，在這之中有一場談話讓我印象深刻——他很會聊天。

「你好，我是阿泉，這是一點點小心意，希望你喜歡。」短袖 polo 衫、西裝頭、運動鞋，40 多歲面帶微笑的泉哥，遞上了他的伴手禮。作為傳統生鮮的廠商，除了他們自家的產品外，他還帶了一塊磨刀石作為伴手禮送給我。

「我看直播，你好像說最近刀子不利不好用，就帶了一塊我太太說很好用的磨刀石給您，我平時也對做菜有興趣……」很自然地開啟了這次的談話。

開會過程中，除了介紹他們家產品的特色之外，他很少聊起自己的事。

「你之前在電競行業工作？好厲害喔，我姪子也喜歡。」「我看你很會做菜，之前有在哪裡學過嗎？」「你們公司同仁都好年輕，真是年輕有為。」他把對話內容聚焦在對於大成小館的了解與稱讚。

因為聊及自身熟悉的領域，我在過程中也很自在的對答，心裡覺得他會是一個很好合作的對象，也誠心的把大成小館的現狀介紹給他。

在會議的最後，他說：「我看大成小館目前的商品都比較偏向常溫食品，當然也很有賣點，但我覺得如果能在節慶時推出季節性的生鮮品項，可以更豐富你們的銷售內容。譬如說年菜檔、中秋烤肉、季節性海鮮等。」

他提供給大成小館的不是銷售，而是方法，讓我感覺到對方合作的誠意，以及未來更多的可能性。

跟泉哥的對談很愉快順利，而比起生意談成的快樂，我在他身上學習到的更多。我總結了三項聊天技巧，一、伴手禮，二、稱讚對方，三、提供方法。

跟首次拜訪的商業夥伴會面，因為初次見面難免尷尬，伴手禮會是開啟對話的好選擇。禮輕情意重，伴手禮絕不是賄賂，而是聊天的引子，就像泉哥的磨刀石，不僅投我所好，更能開啟一個能聊下去的好話題。

誰都喜歡被稱讚，長相、能力、成就、家庭，無所不包。稱讚可以是對過去、現在、未來，被稱讚的一方除了感到心情愉悅之外，更能引導對方說出自身狀態：「過去的成功之道」、「現在的瓶頸」、「未來的展望」，知己知彼百戰不殆，多了解對方就能知道對方是怎麼樣的人、想要什麼。

提供方法，比銷售產品更有說服力。僅是對自家產品的介紹，不一定能說服別人合作，畢竟永遠有其他類似的廠商。而提供方法就像量身打造，結合自家的產品提供出解決對方長期痛點的銷售，讓對方覺得不僅配合度高，也更能有長期的合作空間。

大成小記

1. 聊天在商場中非常重要，學會聊天能讓商務拓展無往不利。
2. 聊天有技巧、要練習，是一個可以被培養的技能，而不是天生個性。
3. 聊天就像談戀愛，多問對方的事、少說自己的事，「配對成功率」會提高很多。
4. 聊天過程中，永遠想著對方要什麼，能銷售在對方的痛點上，才是好的銷售。

打球打出來的真男人人脈

「好球！這球投得好喔，大成！」熱情的學長在球場上對我的稱讚，讓我很喜歡這每週一的籃球活動，我在日常生活中培養人脈。

「創業愈創愈孤獨」這句話是真的，眼看同齡的同學們都有新同事、新同儕，而選擇創業的我，大多數時間相處的只有自己。當意識到問題的嚴重性後，我開始有系統性的安排社交，比起不穩定的朋友聚會，我選擇打籃球。每週一、四的社會休閒老人籃球，不僅運動讓我維持身體健康，也可以認識新朋友，維持心理健康。

在打球認識的新朋友當中，有一位讓我感到特別，那就是每週一打球的「主揪」，我的學長。之所以覺得特別，是因為他的個性開朗，以及幫大家安排打球的周到。對我來說，主揪是一件很麻煩的事情，又要統一意見、又要算錢，我敬佩所有願意做這件事的人。而這位學長不僅是主揪，更能記住每位球友的名字，觀察有沒有人打得不開心，並且在球場上鼓勵隊友，滿滿的正能量讓人心生親近之意。

一起打球多次之後，我輾轉得知學長本身也是做食品的，而且相當有規模。得知消息後，在一次打完球的休息時間，我便主動跑去找學長聊天，並表示我也在做食品，看看能不能有合作的機會。學長聽完後說，他本來就知道大成小館，很喜歡跟年輕品牌合作，後來我們也真的合作推出產品。

在職場商場中，我們都知道人脈很重要，一個對的人脈，能使創業事半功倍、水到渠成。人脈的養成分成兩部分，接觸和培養。從前我覺得只要多認識人、多交換名片，我就有更多的人脈，但那其實僅僅是「接觸」。

要能走向合作、互惠，那就要花時間培養。打球的學長，他每週都真誠待人，跟難得認識的球友培養交情，最終生意就自然向他走來，因為他讓人感到誠信。

曾經有一位也在創業的隔壁班同學，找我幫忙站臺他的新 APP，在此之前我們僅是點頭之交，且有十年沒有聯繫，再加上產品屬性大相逕庭，於情於理我都很難幫他的忙。而最終我拒絕他的主要原因是，他對於我這個人脈的利用，沒有考慮到互惠，簡單來說，幫他我沒好處。

「親兄弟，明算帳」，再熟的朋友也沒辦法穿同件褲子，任何的幫忙、合作，都要站在互惠的角度才能成功。而這種互惠不一定是實質的，也可以是情感上的，或未來可期的。「老朋友，幫忙一下」、「年輕人，我看好你」，這種人情的幫忙也是很常見的。

大成小記

1. 培養人脈從多認識人開始，有系統的去認識新朋友並真誠對待。
2. 任何的交情都需要時間培養，有互相的了解才有信任、才有合作。
3. 任何人脈的利用都來自於互惠，在開口請別人幫忙前，先想想對方的立場，成功率會更高！

別把開會當演唱會，臺下會睡著！

「以上就是今天的會議，大家有沒有什麼問題？」同事們面面相覷搖搖頭，臉上疲憊的神情就是這次會議的寫照：又臭又長。我不會開會。

大成小館團隊的規模不大，因此我們每位同仁都身兼多職，也都是很強的戰鬥力。但有一件事情我們做不好，那就是開會。大成小館成立之初，每次開會都是在我一個人的演說、配合同事們簡短的回應中度過的。開了一個小時的會，我竟然會感到口乾舌燥、聲音沙啞，我到底說了多少話可見一斑。

而後我觀察到，在這樣的會議結束之後，我會反覆收到來自同仁們的提問、窒礙難行的陳情，在我納悶為什麼有問題不在會議上提出的同時，我忽略了最大的問題就是我。

在一次規劃週年慶的會議上，因為當天日程的原因，我只能線上參加會議，並把規劃事項交給同仁們設計發想。當天的會議由各自同仁報告他們已經規劃好的方案開始，再到互相提出疑問，最後由我確認方案無誤。短短三十分鐘，每個人都闡述完自己的部分，也把問題痛點都討論完畢，可以順暢執行。讓我意識到，這才是開會。

開會，讓眾人齊聚一堂，最大的意義是每個人都能發聲，對一件事站在不同立場有全面的討論。如果只是我一個人的演說，用文字通知就好，還能節省大家的時間。所以開會在大成小館變成了一個具有特殊意義的活動，不夠重要的事，我們不開會，務必「不開則已，一開驚人」。

開會前，每個人要把自己的部分準備好，方案、難點、待確認事項，要使用到的檔案事先上傳。開會中，報告自己方案的部分要完整，其他人有問題要最後提出，避免打斷。開會後，依照開會的結論執行，盡量避免翻案。

至於我自己，則是少說話、多傾聽，「將在外，君命有所不受」，要相信在一線戰鬥人員的判斷，讓他們說出真實想法。聽完之後，非常重要的一點——要給出明確的決斷。美國前總統杜魯門曾說：「The buck stops here.」意指責任最後落在我身上，絕不推諉塞責。作為品牌創辦人，只有自己可以給出最後判斷，也只有自己可以負責，明確的決斷，讓團隊勇敢去拚！

「以上就是今天會議，大家有沒有什麼問題？」同事們長舒口氣搖搖頭，臉上充滿自信的神情就像在說：「接下來就交給我們吧！」我們學會了開會。

大成小記

1. 開會的事前準備非常重要，絕不要讓團隊空手參加會議，就算是發想型會議，也要事先準備。
2. 開會中，讓每個人的報告完整，有問題先記錄，最後再統一提問，增加效率。
3. 開會是為了讓每個人發表意見，如果只是同步事項，以文字形式就好，還能留存紀錄。
4. 開會完，要對討論事項給出明確結論，讓後續執行的人有勇氣去衝。

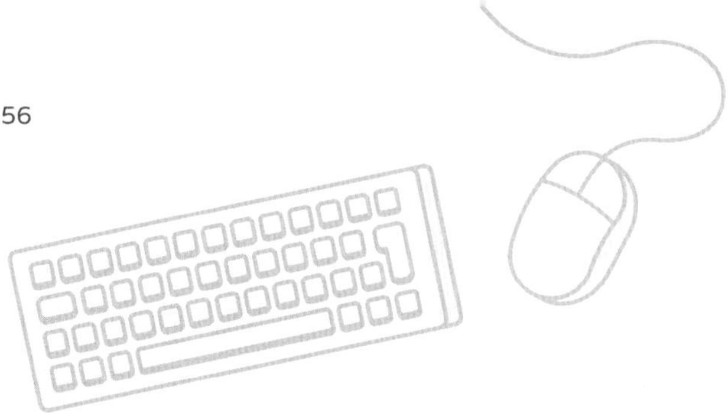

網路竟是我兩百道料理的師父！

成為創業者，除了面對事業之外，還有一個隱性的壓力：永遠不知道自己走在哪一條路上。不像在職場工作，有前輩、有規章、有制度去提升培訓個人能力，創業者只能相信自己的每一步判斷，不斷往前。在這個過程中，如何像在機構被培訓一般系統性的成長就非常重要，這篇我們就來聊聊「投資自己」。

大成小館成立以來，每碰到一件不會的事，就是一次新的學習。跑到奇怪的代工廠、被拖欠交貨日、客服被罵到臭頭，都是我們學習的養分，這是大成小館作為團隊的成長。作為大成小館的大成，我要增強的是同仁無可替代的部分，表現力、溝通力。

大成小館最初是靠直播起家，我到今天為止，固定每週直播一次，播了三年、一百多場，並且分享了上百

道料理。非專業廚師出身的我，是如何做到的呢？沒錯，就是靠網路大神。興趣使然，我從大學就很喜歡看料理影片，Gordon Ramsay 是我的師父（只是他沒正式收我為徒……），再加上大三的時候在西餐廚房內場打工，所以料理知識都偏重西餐。

開始經營大成小館之後，我發現畢竟臺灣人日常大多還是吃臺式、中式料理，粉絲們看到西餐雖然新奇卻不深刻。所以我有計畫地開始大量學習中餐知識，每週強迫自己看完網路上 30 道中餐料理影片，並還原其中的 5 道。

三年累積下來，雖然比不上專業廚師，但已架式十足且能言善道，以直播的「表現力」來說就非常足夠了。這是我很重要的業務能力，也是我花時間投資自己的一部分。對不同型態的創業，核心業務能力不同，但相同的是，在網路時代中，誰都能找到自己要培養的相關知識，有系統、有計畫的學習成長，這是創業過程中很重要的一部分。

前面講過如何聊天、如何開會等溝通力議題，作為創業者，對個人而言，溝通還有一項非常重要的前提，那就是語言。大成小館在第三年的目標是進軍海外，進出口、各國規章制度、代理商等，大量的英文是完成這些事情的基礎。最近經常熬夜跟美國代理商往返郵件、打電話，才意識到英文真的是很重要的工具（感謝「I can teach you better」的徐薇老師）。

如果有幸在學生階段就把英文學得很好，那自然是最好了，反之則需要付出更多的努力去投資自己，好好學習。但是也不用感到害怕，因為商用英文不是考試，能懂就行，正所謂「單字不夠，臉皮來湊」，畢竟都是來談生意，拿出誠意更重要！

在最近的一次日本旅行中，我也發現了新商機，所以正在努力學習日文中，不要怕，我們一起背單字吧！

大成小記

1. 創業路上沒有人教，一切都要自己學。
2. 把自己無可替代的能力透過學習更加強化，才能應付各種狀況。
3. 網路上、書本上什麼都學得到，有計畫、有系統才會真正執行。
4. 語言很重要，但也不用感到害怕，勇敢用上所有溝通的細胞，能懂就行！

金獎主持曾國城照亮我的內心

「城城哥，我是你拌麵界的後輩，可以請教你幾個問題嗎？」抱著嘗試的精神，我在錄影現場向金鐘獎主持人曾國城城哥，請教過關於做乾拌麵的箇中竅門。

「曾拌麵」在乾拌麵產業不僅是先驅，更是現在市場的龍頭老大，乾拌麵的流行旋風，就是由城哥的曾拌麵開始颳起的。對於我個人而言，城哥主持的料理節目，是陪伴我長大的回憶，更是讓我喜歡上廚藝的啟蒙導師，因此做為晚輩，我非常崇拜也敬重城哥。

在開始經營大成小館之後，只要有機會上節目，我就不會放過任何宣傳的機會。在一個城哥主持的節目上，介紹來賓時，我主動介紹自己在經營電商乾拌麵品牌，並且努力追著城哥的車尾燈。節目當下，城哥只是微微一笑說了聲加油，就繼續節目的錄製了。

趁著休息空檔，我鼓起勇氣去找城哥，想請教他對乾拌麵產業的心得。雖然我們品牌的規模判若雲泥，沒有刺探「軍情」的顧慮，但是我仍有些難以啟齒。城哥看到我走向他，便主動問道：「大成，你的品牌做得怎麼樣？」

感受到城哥釋出的善意，我便滔滔不絕地開始介紹，城哥默默聽著並偶爾提出幾個問題。在這對答的過程中我能感受到，城哥作為業界龍頭，他的著眼點跟我們不同，但同時又能感受到對美食純粹熱愛的相同。他也在口味、事業、通路等不同的角度上，給了我很多建議，並且很溫暖的説：「大成，你很棒，好好加油！」

跟城哥這次的對話，除了在事業建議上有所收穫，更重要的是讓我看到了城哥作為前輩的大度及魅力。對於後輩的照顧，不論是實際建議、心靈雞湯，都表露無遺，縱使是沒沒無聞的我，縱使是同質產品的公司，他也一視同仁。

雖然錄影休息空檔時間很短，但城哥對我的建議卻能留存永久。我也很慶幸自己有鼓起勇氣向城哥走去，才有機會開啟這麼美好的對話。

近期我經常到各大專院校進行分享，有一次，一位同學在演講分享結束後，在教室外等我，表示他現在也在創業，但做的是服務業，不是零售業，問我有沒有好的建議給他？有鑑於服務業不是我的強項，所以當下先跟他交換了聯繫方式，日後再推薦我認識的前輩給他認識，希望對他的創業能有所幫助。

我希望能成為他的「城城哥」，實質的建議也好、溫暖的言語也好，成為能照亮他人的前輩。我也鼓勵同學們多多提問、多多表達，在我的分享中只要有發表意見，就送麵！

大成小記

1. 不要畏懼跨出「積極的一步」，創業的路上沒有人能代替自己積極。
2. 溫暖待人，自然人也溫暖待你，創業雖然是冷酷商場，但也不乏溫暖。
3. 能給予別人的不只是金錢，建議、經驗、有力量的言語，也是最棒的禮物。

後天培養的演講好手，創業者的必修課程

「同學們大家好，我是大成，今天要跟大家分享創業從零到一。」我站在講臺前，對著臺下的同學自我介紹，在一場一場演講的歷練中，我找到了自己的演講風格。

大成小館創立第二年以來，我常到各大專院校做創業演講分享，演講的主題是「創業從零到一」，分享的對象以大三、大四、研究生等快畢業的同學為主。畢竟大成小館只是初出茅廬，還不是什麼大公司，因此演講主旨以零到一的過程跟經驗分享為主。

還記得第一次為這個主題準備演講時，想說的內容很多，想把創業理念、個人經驗、產品設計、行銷方法、自媒體經營等所有大成小館的面貌都分享出來。但一方面時間有限，二方面我自認為深刻的內容不一定可以得到同學們的共鳴，所以我把演講 ppt 改成以故事接故事的方式，

去講述個人經驗，希望能更引人入勝。

第一次的演講，是在大學講堂裡分享給自由報名的同學，急促的呼吸是我難掩緊張的證據，但這樣的緊張情緒，一站上臺之後就煙消雲散，因為事前我就告訴自己：今天來到這個場合，我就是主角。可能因為都是故事的關係，同學們聽得都很認真，對於站在臺上的講者來說，當然非常開心。

不過到了演講結束，希望同學們能有些回饋反應的時候，全場一片寂然。於是我拿出了早已準備好的殺手鐧：送麵。「只要舉手提問，我就送麵，任何問題都行，問我三圍也可以。」發出豪言的我，馬上就看到同學們舉手提問，互動熱烈（而且真的有同學問我身高體重⋯⋯）。

我不會放過任何一次演講的練習機會，從 20 人的課堂教室到 200 人的大堂演講，不同的聽眾、不同的空間場地設備、不同的演講主題，各式各樣的經驗積累，才造就了現在的我。

對於創業者來說，演講、演說是必修課，有可能是面向客戶的招商演講，面向內部團隊的激勵演講，或是面向社會大眾的品牌宣傳演講。作為創業者，通常也是品牌的代言人，只有自己可以為品牌發聲。每個人的經驗不同、性格不同，也造就了不同的演講風格。演講的對象不同、場合不同，又會演變出不一樣的溝通方式。

以我為例，在演講前我會先判別演講對象，適合輕鬆親切還是嚴肅論證。再者，會判斷目的，是宣傳品牌、推銷產品還是拉攏廠商，依照不同情境去設計內容跟演講風格。最後，無論如何我都喜歡有雙向互動的演講，所以會安排誘因跟聽眾互動，而且每次都很有效，畢竟誰不喜歡免費又好吃的麵呢？

大成小記

1. 演講、演說是創業者必修課，要找到一種適合自己站在人群前說話的風格。
2. 為了聽眾去量身打造演講內容，是每場演講都不敗的不二法門。
3. 目的不同的演講，要呈現出的風格面貌也不同。
4. 練習、練習再練習，只有不斷的經驗累積，才有最後自信站在臺前的自己。

身旁的隱藏高手，讓你水到渠成

「謝謝學長的幫忙！認識這麼久了，沒想到會在這裡有話聊！」一位認識超過 10 年的高中學長，為大成小館的進步，注入了全新的活水。

創立大成小館之初，我對於電商及食品產業是一竅不通的，完全是秉持著對美食廚藝的熱情，一頭栽進這片紅海。當時除了自己多方聯繫代工廠、邊做邊學之外，我也開始在記憶中搜尋可以請教的人。

在一次高中社團聚會中，時隔多年的重逢，讓現場氣氛瀰漫著懷舊的青春。在大家互相分享近期事業規劃時，一位學長說到他正在進行電商服裝品牌的微創業，讓我頓時看到一線曙光。雖然產品屬性、顧客群體完全不同，但是在電商平臺的使用、金流、物流等實務操作經驗上，他給了我很多建議。

想當初高中時，我對這位學長的印象是調皮搗蛋的，沒想到時隔多年，他已經是講起話來頭頭是道的小老闆（雖然講話的語氣還是那個調皮的他）。學長的一番建議，成為了大成小館最早的營運策略，讓我們有一個好的開始。

除了同儕，家中長輩也能給我意想不到的幫助。從小在家庭聚會中，常常聽到長輩們聊及各自的工作。小時候，這些對話對我們晚輩來說很遙遠，沒想到後來卻成為了大成小館出口美國的重要關鍵。

我有一位姑姑，她在美國紐澤西華人醫療機構服務超過三十年，經驗豐富、閱人無數，小時候我只覺得她溫柔慈祥，長大後才發現她對事業也有很高的敏銳度。

有一次她興高采烈的跟我說：「大成，我認識一位在美國做華人產品批發的人，要不要給你介紹？」我當然是連忙答應，馬上開始聯繫。

成功讓對方試吃到我們的樣品之後，他們也很喜歡大成小館獨特又好吃的口味，便很順利地就開始對接後續的進口事宜。

除了學長跟姑姑外，做海鮮批發的姨婆、家裡開食品工廠的學長、在行銷公司的高中學弟、做廣告投放的大學同學……，很多很多的親朋好友，在大成小館的創業路上都助過我們一臂之力。認識他們時，從來沒想過會有工作上的交集，但最後都水到渠成，相輔相成。

俗話常說，機會是留給準備好的人，但畢竟是俗話，放到現在我想把它改一下：「創造機會，讓人找上準備好的你。」

身為創業者，自己要窮極一生地去「尋找」，尋找資金、尋找機會、尋找人才、尋找產品，在尋找的過程中，不要忘記也不要吝嗇去請教身旁的隱藏高手。把自己在做的事、需要的援助散播出去，有能力、有想法的人自然會靠過來！

大成小記

1. 多聽多看，身邊有很多隱藏高手，都能給予經驗上、實質上的協助。
2. 準備好自己的「渠」，釋放消息出去，讓「水」能流進來，最後水到渠成。
3. 受人幫助時，互惠、共贏才是最高境界。幫助別人，哪一天別人也幫助你。

理解老闆、成為老闆，點菜點出極致哲學

「大成，我交給你的案子辦好了嗎？」老闆淡淡的一問便讓我手心冒汗，在創業之前，我也是職場上拚命的青年。

初入社會之際，我是一個平凡追夢的大學畢業生，因為喜歡電子競技，所以在大學時期就參與了很多電競相關的工作、實習，畢業後也如願以償地進入了電競產業。而我的電競生涯中，也經歷過不同的老闆和主管，每一位前輩長官對我後來的創業，都有不同的重要影響。

幸運的是，我在電競職涯中當過董事長特助，可以很近距離觀察「老闆怎麼當」，這也成為我創業之後的參考指標。在北京工作時，董事長非常會結合不同的資源，身為特助的我，便經常與不同的資源方開會。

有一次，我們跟一家建設公司開會，在前往會議之

前，我就心存疑問，電競跟建設公司有關係嗎？到了開會現場，短暫的寒暄之後，董事長便向建設公司聊起了「電競主題園區」的想法，讓地方商業建設圍繞電競 IP 的主題開發，成為新的商機。

還有一次，我們跟足球明星的經紀人開會，聊起電競、足球同為競技項目的商業合作可能性。我在董事長身上學習到，如何在現有的業務之上，透過合作、資源整合去創造更大的價值，這也成為大成小館日後拓展事業版圖的經驗參考。

在上海的工作經歷，又帶給了我完全不一樣的衝擊。

同樣是董事長特助，但特別的是這位董事長的年紀只比我大一歲，卻渾身「霸氣外露」，在他身邊工作，讓我實際感受到「犀利的眼神能殺人」。成為他特助之後的第一個任務，便是隨他去歐洲出差兼貼身翻譯。

在德國的一間小餐廳，我的工作來了：翻譯菜單，面對各種德式菜譜的專有名詞，我只能粗略挑著我會的英文翻譯，譬如很複雜的德式香腸拼盤，我只認識「sausage」，香腸。艱難的點完餐之後，結果上來的餐點跟預想中的完全不一樣，不僅分量太多吃不完，董事長想吃的餐也搞錯。

面對此情此景，董事長便用犀利的眼神看著我説道：「做事情，要做到極致，如果你不懂，就去搞到懂。」當天晚上回到旅館，我便上網盡量把德國點餐會用到的單字都學會，「做到極致」這樣的精神，也成為了我後續跟這位董事長共事的唯一指標。

在競爭激烈的上海，做事情沒有含糊的空間，想要的結果，就要用盡最大的努力去爭取，我把這樣的精神也帶到了創業上。

每一段工作經歷，碰到不一樣的人、事、物，都是一段學習，縱使沒有繼續在電競產業打拚，這些學到的經驗，還是會跟著我一輩子。無論創不創業，把握身邊每一個學習成長的機會吧！

大成小記

1. 每一段經驗都有學習的價值，不妨睜大眼睛，觀察身邊的人。
2. 無論現在的工作有多痛苦，它都會成為未來的養分。
3. 理解老闆，總有一天能成為老闆。

破產是福不是禍，生活中的幽默感

「創業的過程中，最困難的是什麼？」這是我在任何採訪、講座中，最常被問到的問題。

我的回答是：「創業什麼都難，所以也什麼都不難，如何面對困難，才是最難的。」而我面對困難的良方就是：幽默感。

大成小館面臨過各式各樣的危難，有被查收的進口茶、有爆肝出貨的雙 11、有現金流周轉出現狀況……等等。事情發生了，不外乎就是面對跟解決，但是受到影響的心情和壓力，反而是更需要被重視及解決的。

每個人解壓的方式不同，對我而言，則是培養「生活中的幽默感」。

大成小館現金流周轉不及的時候，我面臨很大的壓力，一方面要跟廠商溝通延遲付款，另一方面又要確保貨品能如期出貨到顧客手中。雖然能做的、該做的都盡力去完成補救，但是面對未來的不確定性，確實會讓人感到窒息。

在這樣的情境下，我把這次現金流的事情轉念一想：「哇！這次太驚險了！竟然真的差點破產，也算是人生成就解鎖了吧！」這樣的心情，我也跟同仁們分享，讓大家在驚愕之餘也都啞然失笑，這就是生活中的幽默感。

另一個更平凡的例子，是我在上海工作的時候，幫老闆代辦汽車過戶事宜，當地的服務窗口少、辦理人數眾，我排了四個小時的隊才終於輪到我。

結果一到櫃檯，服務人員便通知我關鍵文件沒有備齊，不予辦理，退件。被退件的當下，我一點都不沮喪，反而還笑了出來，默默的拿起手機，發了一條微信朋友圈：「排隊四小時，退件四十秒。」成為了同事那兩週的笑料。

生活中的幽默感，不是言語的幽默譏笑，也不是對待事情的滿不在乎，而是當生活中有不如意的事情發生的時候，一種「釋然」的轉念思考方式。

尤其是當我開始連載「江大成創業筆記」之後，任何不幸的事情發生，對我來說都是新的故事題材，讓生活中的不如意，有了更多一層的意義，它也就顯得沒那麼不幸了。

對於幽默感這件事情，我不只用在自己的轉念上，它更是我徵才的標準之一，畢竟誰都想跟樂觀幽默的人一起工作，對吧！新創團隊作為緊密的團體，壓力也是每個人都會感受到的，團隊如果可以有一樣的積極、一樣的幽默，那麼工作的氛圍就會非常好，碰到困難也不怕。

創業是一條辛苦的道路，比起去思考如何不碰到困難，不如培養碰到困難時，可以陪伴自己度過困難的幽默感！

大成小記

1. 生活中的幽默感，能讓創業帶來的壓力有效減輕。
2. 透過幽默感來化解負面情緒，可以讓解決問題的效率提升。
3. 幽默感的關鍵在於「轉念一想」，讓每件事情都被賦予正面意義。
4. 無論創業與否，每個人都喜歡跟有幽默感的人共事。

下面一位！綜藝大哥胡瓜溫暖了我的心

「下面一位～」熟悉的金句在耳邊響起，綜藝大哥胡瓜是我最熟悉的綜藝前輩之一，不同於其他的綜藝大哥，瓜哥給我溫暖大家長的感覺，有他在就讓人覺得安心無比，我期許自己也成為能照亮他人的領導者。

跟瓜哥第一次見面，是在節目的錄製現場，當時我只是個來賓，面對來如影、去如風的瓜哥，沒有太多的交集。但是在節目一開機之後，穩如泰山的主持、面對鏡頭機位的自在、主持流程的節奏把控，讓我不禁感歎，這多年經驗的積累，對我來說，能數十年如一日堅持做好一件事的人，都是我最敬佩的人。這是我跟瓜哥的初次相遇。

隨著時間推移，我有幸被邀請成為這個節目的固定單元關主，每週一天、每天四集的錄製，讓我更深入認識瓜哥。因為一天要錄四集，我待在棚內的時間更長了，除了

開機的時間外，休息等待時間我時常在觀察周圍。

我經常看到瓜哥在跟來往的來賓們聊天，關心他們的日常、身體健康、工作狀況，對於需要曝光宣傳的藝人們，在節目中他也不吝的給予機會。更多時候，瓜哥會跟製作人討論節目流程，用他多年的經驗，去讓節目的整體節奏更緊湊精彩，無論臺上或臺下，都是溫暖大家長的風範。

在一次節目錄製完畢後，我主動上前找瓜哥與欣眉姐合照，在我提出了讓瓜哥站中間時，瓜哥親切地把雙手放在我的肩膀上，把我擺在了三人中間，說道：「我站在中間的時間可多了，你站中間吧！」

合照完畢後，他對我說：「大成，最近表現很不錯，加油！」簡簡單單的兩句話，平平淡淡的紳士舉動，卻讓我感受到無比的溫暖。直到這一刻，我又更了解了瓜哥。

隨著一次次的錄製、一次次的相處，這個棚已經成為了我第二個家。雖然只是單元的關主，我也自覺的背上要讓節目精彩的責任，跟著瓜哥的節奏，慢慢學習節目錄製的技巧，並且抓到自己角色發揮的時機。就像電玩遊戲中，大神在前面打怪，而我在後面撿掉落的寶物裝備般，一步步地成長起來。

在瓜哥身上，我學習成為一個溫暖的人，在我自己能力所及的範圍，讓上節目的嘉賓們能更快理解遊戲規則，更好的表現自己（雖然做為關主，我是他們的魔王啦哈哈）。

放到創業上也是，無論是自家團隊、合作廠商，溫暖的舉動能拉近人與人的距離，讓合作更順暢，給予機會比一枝獨秀更能成就一場又一場的「精彩節目」。

大成小記

1. 溫暖或許沒有激情來得有爆發性，卻能在長時間成就順暢的合作。
2. 把表現機會留給適職適任的人，才是更高效的團隊合作方式。
3. 在任何時間、任何機會，都為別人考慮多一點，自然就會成為溫暖的人。

問對一個問題比做對十道題目更重要

「你們有想過，從小念書、學習為的是什麼嗎？」臺上的講者問了一個很常見的問題，探討教育的意義。臺下聽眾們的答案不外乎是賺錢、自我實現、養活家庭……等常見的答案。

這時講者又問：「那具體應該要培養什麼能力？」接下來他對這個問題的解釋，讓我改變了往後所有看待事情的眼光。

在上海從事電競工作時，公司請來了一位講師，來幫員工進行培訓。這位講師是清華大學畢業後又去耶魯攻碩，最後回到上海的老闆的朋友，他叫大黃，年紀、資歷甚至跟大部分的員工差不多，所以比起演講，更像是一場同年朋友間的經驗分享。

大黃敘述了他剛到美國讀書時的不適應：「我從小

到大解題都是無敵的，只有出錯的題目，沒有我解不出來的答案。但是到了耶魯的第一堂課，我就懵了，教科書呢？」他說在這堂課中，沒有教科書、沒有課綱，只有教授給了他們的一份三十頁資料，而這份資料也沒頭沒尾，既沒有人、事、時、地、物，也沒有核心理念、關鍵問題，而教授出給他們的功課是：自訂題目，並給予解決辦法。

大黃接著說：「這份三十頁的資料中，提到的很多案件、引用到的文章，都來自於其他書籍的某些章節、雜誌或網路期刊，我花了大量的時間讀完之後，心裡還是只有一個疑問：『所以這堂課到底要我學會什麼？』」

抱著這個疑問，大黃跑去找教授請教。教授回答道：「大黃，你覺得從學校畢業以後，你碰到的事情都會有明確的解答嗎？不要說解答了，甚至大多時候連問題在哪都不知道。你要學的是解決問題的能力。」

說到這裡，大黃給出了他的結論：「從小我們所受的教育，只要背公式就能找到解答，但是一旦離開了學校的保護傘，面對的是需要解決的問題，不會有人告訴你正確答案的。」

當時的我聽完特別有感觸，因為自己學習、考試一直都不錯，但是在電競行業中，經常碰到我覺得「無法解決」的問題，轉念一想，可能是我根本不知道問題在哪裡。

時間回到現在，創業的過程更像是無頭蒼蠅，甚至沒有主管給出明確的工作指示，決策錯誤時也只能自己承擔，發現問題、解決問題，變成是每天的日常。大成小館的發展過程中，我們摸索學習，按部就班，但其實經常會忽略已經發生的問題，往往需要透過應急處理來度過危機，並轉化成下一次的經驗。

「問對一個問題，比做對十個題目更重要！」培養發現問題、解決問題的能力，要從每件小事情做起，分析事情發生的原因，依照經驗、常識、專業判斷事情的脈絡，讓自己成為一個「解題高手」吧！

大成小記

1. 現實社會中，沒有設計好的題目，更沒有可以用的公式，成為一個能主動發現問題、解決問題的人。
2. 從生活中、工作中的每一件事開始，培養發現問題的能力。

說得多錯的多，商談的說話藝術

「我想聽聽您的看法。」這是我在任何商業談判甚至可以說是任何對話中，最常講的一句話，而且我還刻意把它培養成我的口頭禪。這一切都要從我自己急躁的性格開始說起。

在大成小館經營之初，我們第一次跟其他電商通路開會，尋求大成小館乾拌麵上架的機會。畢竟是第一次，會談開始前我很緊張，心裡默念著大成小館商品的介紹特點，希望等一下正式會談時不要忘記。會談開始，在簡短的互相自我介紹之後，我便開始侃侃而談，介紹我們產品各種的好，有哪些優勢、可以給對方哪些條件優惠……等。開會結束，正當我還在得意自己今天的表現時，我突然覺得有些違和，對方有說他們的條件細節嗎？在整場會議中，我只是把我想說的話說完了，沒有跟對方交流，也沒探聽到對方的真實想法跟條件。這場會議不僅失去了它的意義，更暴露了很多我們自己的資訊。

另外，分享一個我朋友的趣事，一次他跟剛認識的女性友人約了喝咖啡，為了避免兩個人尷尬，於是就邀請了我跟另一位友人前去助攻。我這位朋友對手沖咖啡非常了解，這次約在咖啡廳，就是為了展現他的博學跟品味。由於對方女生也略懂咖啡，因此心想這將會是一場愉快且輕鬆的交流。

我們一行人盛裝打扮，意氣風發的來到了指定的咖啡廳，男生有禮貌的替女生拉開了椅子，示意請坐，一切是那麼的紳士、那麼的優雅，然而就在服務員端上咖啡的那一刻，一切都變了質。他開始滔滔不絕地展現自己淵博的咖啡知識，甚至還打斷對方女生偶爾的附和。最後，這場約會就在咖啡知識的疲勞轟炸之下結束了，兩人想當然耳，也沒有再繼續聯絡了。

孟子有云：「人之患，在好為人師。」面對「指導」別人的誘惑，人們總是不能自己。一場會議、約會，時間是固定的，一個人說得愈多，另一方說得就愈少。

說得多的人，不僅把自己的想法、底線都表露無遺，甚至有時候會露出破綻，這在商業場上是相當致命的。此外，說得多的人，能聽到對方的事情就更少，得不到有用的情報，就難以做出日後的判斷。

「我想聽聽您的看法。」這便是我限制自己發言的緊箍咒，提醒自己少說多聽。

另外，還可以衍生出高級技巧——創造「被教育」的機會。利用別人「想指導」的心理來開啟對話，能讓對方說出更多。

「請問您是如何做到把代工廠的價格壓低的啊？好厲害！」我不經意的一捧一問，就成功問出了可以利用「揭露代工廠名稱」這點，來交換價格壓低的這個小技巧。真的不能小看「好為人師」的力量啊！

大成小記

1. 說得愈多、聽得愈少，當個內斂的聽眾。
2. 說得多容易露出破綻，適度的表達比掏心掏肺更容易成功。
3. 反過來利用別人的愛說，讓自己可以問出想要知道的答案。

PART 3

現在，我們談如何賺錢

——創業的眉眉角角

從 13 人的遊戲直播，到百萬流量的大成小館

「HELLO！欸逼八低，歡迎收看飄逸小江實況臺！」飄逸小江是我在電玩遊戲中使用的代稱，也是我曾經做遊戲直播時使用的化名。我曾每天晚上扯著嗓子嘶吼，誇張的比手畫腳，以博取眼球。儘管一看直播觀看人數，13，卻也澆不滅我的熱情。

現在回頭來看，那是一段既青春又令人尷尬的時光。在我大學時期，電競、遊戲實況蓬勃發展，各式實況主百花齊放，而我也想成為萬綠叢中的一點紅。

反觀現在的大成小館，破百萬觀看的番茄紅燒牛肉麵教學、50 萬觀看的冰花煎餃、42 萬觀看的麻油雞飯，動輒爆款的料理影片，不僅是我的驕傲，也是大成小館成功的契機。

現在大家認識更多的是「做菜的大成小館」，而不是

「遊戲的飄逸小江」，這中間經歷了什麼樣的變化，對我、對創業而言又是什麼意義，且聽我娓娓道來。

在我做遊戲直播的時期，已經有許多成名的實況主，有的表現誇張搞笑，有的遊戲實力強勁，有的甚至是職業電競選手，而他們的共通點是——吸引年輕人的目光。對我而言，我也想成為同儕年輕人的意見領袖，所以我從模仿開始，也以浮誇搞笑的風格進行直播，但說實話，我，並不好笑。

在遊戲直播的生態中，我沒辦法提供 TA 他們想要的內容，因為這樣的呈現形式不是我，我僅僅是四不像地在模仿，儘管努力堅持了一段時間，遊戲直播的生涯，也隨著我大學畢業而結束了。

時間來到 2020 年，大成小館正式開張，我重拾了社群經營。以做菜這個興趣出發，在臉書粉專上 PO 出各種料理的圖文食譜，慢慢累積起了粉絲，同時我也會開直播。隨著直播觀看人數的增長，一個違和感也在我心中不斷膨脹：「我的 TA 是誰？」

一直以來，我都把同儕視為我的 TA，然而在大成小館粉專的觀眾裡，更多是關注料理的網友，讓我在興奮社群的成長時，也有一絲淡淡的失落感。

但這樣的失落感很快就被兩件事情沖淡：一、我在做菜直播的時候非常自在，用熟悉的語言、自然的態度去呈現自己，直播過程是快樂的，是輕鬆的；二、沒有比「成功」更好的回饋，社群經營自然就是為了要成長，而大成小館無疑地在日漸茁壯，我得到滿滿的成就感。

在我找到自己的社群定位及呈現形式之後，大成小館粉專的經營也愈發順利。

「大成，你做菜好好吃，我也想吃同款。」這則留言讓我聞到了滿滿的商機。以社群流量為基礎，我信心滿滿的推出了第一款產品，也如童話故事般地在一週內完售，讓大成小館有了很好的第一步。

大成小記

1. 找到適合自己的呈現方式，才能長久的經營社群，從模仿開始無可厚非，但更重要的是，在過程中快速調整進步。
2. 對青年創業而言，社群自媒體是可以四兩撥千斤的尚方寶劍，把握每個可以利用的資源。
3. 建立強大的心理素質，不要畏懼同儕眼光，不要害怕酸言酸語，不要沒有一蹴可幾就輕言放棄！

善用社群自媒體，成就創業有利條件

西晉年間，左思靠著《三都賦》的傳播，使洛陽城的紙都漲價了，而後就有了「洛陽紙貴」這句成語。放在現代來看，《三都賦》就是「爆款」，而左思則是那位大網紅。可惜左思不是生在現代，沒辦法輕易利用這個流量變現，更不能在每一部《三都賦》後面都押上 QR Code。但你我不同，我們可以。

經營社群自媒體與創業息息相關，不僅大成小館是以此為創業立基點，它甚至已經被廣泛應用在所有產業之中。微創的團媽、嘖嘖的募資、網紅經濟……等，無不利用社群做為主要的營利和增值工具。接著我們就來聊聊社群與創業。

大成小館之所以成為我創業的第一步，是因為我在社群上有了穩定的人流，進而利用這樣的人流來進行「流量變現」。社群上的人流，就是我決定創業的「有利條件」。試想，如果大成小館在沒有粉絲基礎之下冒然創業，那可能會是一個怎麼樣的場景呢？首先，我會面臨第一批的產品沒有定向銷售群眾的風險，可能造成現金流周轉出問題。再者，依靠其他通路的銷售，不僅決定權在他人，還要被銷售抽成、現金流延宕等等，這些對於微創而言，都是很大的挑戰。最後，產品銷售完畢後，用戶回饋、品牌回購等售後的凝聚力，也會較難維持。

大成小館的第一批乾拌麵，在預購的前五天就熱銷完畢，讓我們在商品還沒出貨的情況下，就已經回本又創造收益了。客人吃完麵之後，也紛紛回到粉專來留言感想，我們透過這些留言，更精準知道市場的口味。而且省下負擔經銷通路費後，我們拿來折扣在產品售價上，使我們的產品更有市場競爭力。社群的經營對我們來說，真的是一舉數得。

除了流量變現類型外，在其他的創業型態中，社群也能作為很好的宣發、聚眾、輔助等工具。在募資平臺型的創業，要讓自己的品項脫穎而出，除了優質的產品本身外，利用社群去抓住眼球，也是成功的一環。

「哪種睡覺姿勢可以避免打呼？」利用有趣的問題引發討論，最後再給出結論：「我們新推出的抗打呼枕頭，因為符合人體工學的角度，可以開通呼吸道，避免打呼……」這樣的社群操作，比簡單的圖文來得更吸睛，更能群眾募資成功。

「要是能重來，我要選李白，幾百年前做的好壞，沒那麼多人猜。」李榮浩的《李白》歌詞中，唱出對現代網路口誅筆伐的無奈。然而，現代這樣的網路輿論，反而能成為我們的利器，我希望透過社群，讓產品被更多人看見，一篇貼文如果能有很多人來「猜我的好壞」，那就是一篇成功的貼文。

社群不是創業的必需品，但無可否認的是，有它一定能為創業帶來正面的價值。下面我們來聊聊怎麼經營一個成功的社群。

Just do it ！你也是社群的新星！

琳瑯滿目的社群網路，有時壓得我們喘不過氣，但也正因為它如此的迷人吸睛，它也蘊藏著無限的商機。

在這樣競爭的社群網路中，我們要怎麼脫穎而出呢？沉魚落雁的容顏、黃鶯出谷的歌喉、百年難得一見的練武奇才，不在我們的討論範圍中，如果你很幸運地有這些特質，那麼在社群上就不愁無人關注。但今天我們要聊的，是誰都可以成功的經營社群。

大成小館的社群經營，開始於我個人的興趣——做菜。我雖然不是專業的大廚，但是我會把食物盡量拍得美，再附上詳細的做法及試吃心得，然後持之以恆的每天做。這種做法，包含了我認為社群要成功的四要素。

一、吸睛

好看的食物、優美的畫面、有哏的時事，想讓人駐足多看一眼的衝動，是打開他們認識你的第一步。

二、實用

實用包含很多面向，食譜、生活技巧、知識、心靈雞湯等，會讓人想分享給身邊好友，或是保存下來，以備不時之需。可以擴大一篇貼文的傳播及回看率。

三、共鳴

得到觀眾的認同感。試吃心得、使用心得、心理共鳴，一篇貼文不僅僅要讓人看，更要讓他們認同你，並且長期追蹤。開箱文、探店影片都屬於這種類型，不僅會引起共鳴，甚至能達到幫人節省時間、金錢的目的。

四、定期更新

當成功吸引觀眾之後，要讓他知道「下次來也有一樣精彩的內容」，定期的更新，就能達到這樣的效果。使萍水相逢的網友，變成長期關注的粉絲。

理解以上四點之後，再來就是要找到適才適性的內容呈現。如果有非常特別的少數才能，那無疑是最好的呈現，大胃王、顏值、歌喉、樂器……等。但如果像我一樣這些都沒有，那就要根據自身才能與經驗，找到能持之以恆進行的分享。大致上我分為三種類型：

一、生產型

做菜、寫文章、畫圖、照片等，能獨立完成且具觀賞性，達到吸睛、實用、共鳴，久而久之就會有人流積累。

二、開箱型

商品開箱、餐廳開箱、旅遊行程開箱，幫觀眾節省時間、金錢，實用的同時也容易引起共鳴，這也是未來更能夠創造商業價值的形式。

三、社會觀察型

時事哏圖、笑話、經驗分享、占卜，此類型的創作難度較高，但是容易因為話題共鳴非常大而產生「爆款」，一炮而紅。

社群無疑是創業中不可放棄的重要工具，它既能聚眾，節省廣告傳播成本，也能為品牌經營帶來細水長流的永續力。而經營社群最困難的就是一開始，大成小館的貼文也有讚數不到 10 的時候，但持之以恆的經營，是社群成功的不二法門。

很多創作者都是經歷了長時間的努力，才有了現在的耀眼光芒，最後又用不一樣的方法，去做流量變現，成為創業中的一大助力。

「Just do it!」一旦開始了，才能知道怎麼改進，怎麼變得更好。

一天狂吃 20 碗，一週狂賣 2 萬包

「口水雞？臺式麻醬？你是怎麼想到這些口味的？」這些是我在創業之初，最常被問的問題，接著就來分享不為人知的「大成吃麵記」。

在定調乾拌麵為我們的第一款產品之前，我做了很多的市場調查。所謂「市調」，其實就是狂吃，沒有比自己的嘴更值得信任的研究工具了。在一個月的時間裡，我吃遍所有品牌的乾拌麵，口味、口感，乃至價格、銷售通路，都是調查的重點。根據非官方統計，我曾在一個月內吃了 100 碗麵，最多一天能吃 20 碗。

在這個過程中，除了體重告急之外，我得到一個結論：一款產品的成功，CP 值、品質都不在話下，能做出差異化的，是它的故事。「這是我祖宗十八代傳下來的食譜」就比「我覺得好吃」來得有說服力。而故事的深度，則取決於產品設計者的個人經驗，只有真正經歷過的才是你的。在青年創業過程中，這點更為重要。

對我來説，產品設計回歸到一個很重要的本質：我是誰？當時的我因為疫情從上海的工作離開，回到臺灣，我是一個有上海工作經驗的臺灣年輕人。比起古早味，充滿現代經驗的結合才是我。於是我鎖定了兩個方向——口水雞以及臺式麻醬。

口水雞是我在上海工作時，公司旁邊一間老字號餐館的招牌菜，酸甜、麻辣、鹹鮮，開胃的同時也非常解膩；臺式麻醬則不同於一般厚重在嘴裡糊成一團的麻醬麵，我選擇的口味是臺北宵夜涼麵的味型，偏甜、微酸，讓人可以一口接一口。口水雞是我在上海的工作經驗，臺式麻醬是我大學時青春的宵夜記憶，兩者都是我親身經歷且印象深刻的味道，因此不僅對味道有自信，銷售時我更能把故事説得完整。

在有明確的方向之後，我開始跟代工廠來回溝通打樣，依照臺灣人的口味，以及「100 碗麵的經驗」，把口水雞和臺式麻醬打造成適合臺灣市場的味道。大麻大辣的口水雞，未必適合臺灣人的口味，平凡的麻醬麵又不夠有特色，能把記憶中的味道在地化的實現出來，是我覺得創業中最幸福的一件事。

口水雞麵和臺式麻醬麵在預購的第一週，兩萬包就一銷而空，利用同樣的邏輯，而後又推出了三杯雞、紅燒滷肉、金沙腐乳、潮汕沙茶等口味，在臺灣人愛吃的傳統元素之上，融入了充滿年輕活力的創新。沒有一定成功的產品，但面對每款產品都要付出百分之百的熱情，這就是大成小館做產品的唯一原則！

大成小記

1. 完整的市場調查，掌握產品品項的箇中關鍵，只有自己調查的才是真的。
2. 結合自身經驗，為產品附加上無可替代的價值。
3. 對產品付出百分之百的用心，銷售成績會給出最誠實的回饋。
4. 貼近顧客需求的產品，才是最好的產品，下里巴人比陽春白雪更廣為傳唱。

從一而終，拒當品牌渣男

「大成小館出品我絕對相信！一定買！」在一次直播中，我看到這則留言，開心之餘也感到欣慰，大成小館的「品牌」終於做出來了。最初設計了大成小館兩款麵的時候，是把我的青春記憶轉換成適合臺灣人的口味，然後再以實惠的價格打入市場。

慢慢的我們發現，喜歡我們產品的客群以家庭為主，大分量、溫和的口味、實惠的價格符合他們的需求，這也讓我們日後的產品繼續往家庭的方向調整推出。漸漸的，「大成小館」這個品牌以及品牌背後代表的產品，就走進了消費者心理。

在聊大成小館品牌之前，我先分享一個品牌經營的有趣例子。勞斯萊斯作為豪車的代表之一，在中國曾經找了兩位有負面新聞的「網紅」試駕，雖然他們極具流量，但同時影響了勞斯萊斯「高貴」的品牌形象。富豪王思聰在得知此事後，發微博表示：「太 LOW 了，我再也不買了！」引起社群一片譁然。

當我看到這篇新聞的時候，心裡有一絲納悶，勞斯萊斯的車維持一樣的高品質，為何僅僅是因為找了不適合的代言人，就影響了購買的欲望？而後我看到一篇文章分析表示：「品牌不是自己說的，而是消費者的心理投射。」

我覺得非常有道理，王思聰在購買勞斯萊斯的時候，覺得勞斯萊斯的高貴，就是他自己的高貴。而當今天勞斯萊斯請了不合適的網紅代言時，王思聰便會覺得：「所以我跟他們一樣嗎？」這是他不願意的。而後勞斯萊斯也因為輿論的關係，下架了相關的內容。

大成小館作為品牌，以實惠、好吃著稱，它可能不是最精緻的、口味不是最新潮的，卻也吸引了認同它的消費者。要做出這樣的品牌形象，我們花了很長的時間跟心思。

在社群中，內容呈現符合我們 TA 的核心價值，溫暖、家庭、實在；在產品上，實惠、實在、口味佳，讓買過的消費者覺得信賴。在客服上，以客人的需求為第一優先。

各種層面上環環相扣，再透過時間的發酵，才有了如今的大成小館。讓消費者在購買的時候，不僅僅只是吃得美味，更是覺得自己也是這樣溫暖、實在的人。

我有一位在創業做農產加工品的學長，他時常跟我強調「品牌」的重要性。在品牌故事上，他常常強調他對小農很好，回饋家鄉的土地，並以此為標榜宣傳。然而他推出的產品，事實上卻與在地農產的結合不多，導致回購率不高。

後來我建議他，減少產品種類、減少加工流程、只推出當季產品等建議，希望他把品牌的故事真正融入進產品中，讓小農蔬果的鮮甜能走進消費者心理。慢慢的，他就有了一群會穩定在他這邊購買時令蔬果的客人。

品牌不是用嘴說的，而是消費者在購買時的認同感。

大成小記

1. 品牌很重要，任何大大小小企業都知道，要做好品牌需要時間，沒有捷徑。
2. 品牌的體現，不在於一時一刻把故事說好，而在於無時無刻體現在產品上。
3. 品牌一旦決定定位，就要從一而終。若是品牌經常紅杏出牆，消費者也能感受到這是個「渣男」。

品牌的第二命脈——代工廠

頂著烈日，我走在臺南關廟，參觀臺灣最具規模的關廟麵代工廠。表情冷面的協理不厭其煩地向我這位新手介紹著他們的廠區，他們是我的第一家合作代工廠。

大成小館在開發第一個品項的時候，我們在尋找代工廠上面花了很多時間。因為完全沒有電商和食品的經驗，我只能網路上一家一家打電話，再一間一間拜訪，過程中也產生了不少趣聞趣事。

我第一間拜訪的代工廠在中部，電話上對方非常的自信、熱情，盛情難卻之下，便前往拜訪。來到指定地點後，我跟同事兩人面面相覷，除了幾間民房外，沒有看到類似工廠的樣子。這時候，從民房中走出一位面帶微笑的大姐：「大成！你們到了喔！」便把我們請進屋中。

報著新聞的電視節目、泡著茶的茶几，怎麼看都覺得這只是她家，工廠另有所址。沒想到她卻一語驚醒夢中人：「來！大成！我們上二樓看麵！」

來到二樓，只見擺放整齊的橫型晾衣架上，掛著無數匝的麵。我在驚愕之餘，禮貌地問道：「請問你們都銷到哪裡啊？」

大姐自信地回答道：「這個鄰里都是吃我的麵長大的，幫你們做一定也沒問題！」當然，我們最後並沒有跟她合作，也學到了一件事，熱情並不是就是最好的。

幾經轉折之下，我們又找到一間臺南關廟麵的代工廠。與前面那位大姐不同，對方在電話上相當寡言，卻字字珠璣都問重點。

在開車過去的途中，好幾輛這間代工廠的大型貨車跟我們擦肩而過，一到現場，映入眼簾的是超大型的曬麵溫室，我們被這個規模震懾到有些語塞。隨後迎面走來一位年輕的大哥，沒想到他竟是電話中的協理，用著不符合年輕外表的沉穩語氣說：「請進。」

作為創業新手，秉持著打破砂鍋問到底的精神，我們拋出對行業中的所有疑問，協理大哥也不厭其煩地跟我們解釋。過程中，我們透露自己是青年創業，沒有經驗、沒有規模，協理大哥也對症下藥的建議我們能做什麼、不能做什麼。

大哥用了最少的字數，展現了商場最重要的價值：誠信。最後我們選擇跟他們合作，一直到了今天。也特別感謝「雙人徐」創辦人李欣恬女士作為領路人，給予我們很多很好的建議。

代工廠最基本、最重要的合法合規之外，還有很多的評判標準，價位、原料、誠信、現金流、售後服務、默契等，比相親還複雜。在價錢、法規等基本前提都滿足的情況下，我提供三點來進一步評斷代工廠。

一、收貨時間

從貨款匯出到實際收貨的時間，這一點非常重要。青年創業資金少，被拖貨的話，很容易出現現金流斷裂的問題。這個時間的長短不一定，看產業、看代工廠、看商家現金流情況，但是一定要列入考慮。

二、客製配合度

有些代工廠會反覆推薦舊產品給品牌，換湯不換藥，甚至是假的客製化，實際上是拿舊產品換包裝。這當然是屬於不誠信但也不違法的行為，要自己眼睛放亮！

三、突襲檢查

自己的代工廠自己把關，沒有比雙眼更好的評斷標準，有事沒事就找機會去代工廠找老闆泡泡茶，當然不能提前告訴他囉！

百萬流量曝光，LOGO 穿在身上

「大家好，我們是大成小館！」穿著印有大大的大成小館 LOGO 的 T-shirt，在亞洲創作者大會上，我們勇敢秀出自己！

大成小館品牌成立以來，我們一直沒有製作制服的需求，直到 2022 年，我們決定參加亞洲創作者大會。這個大會是讓品牌跟各式 KOL（Key Opinion Leader，意見領袖）媒合的機會，在會場中，各個品牌也要找機會脫穎而出，讓參展的效果最大化。

為了這次活動，我們決定製作制服。在設計制服的時候，團隊有一個最主要的分歧，到底 LOGO 要多大？一部分同事認為，如果正面胸前的 LOGO 太大會有點俗，應該小小的在側胸就好。另一部分的意見則是相反，覺得 LOGO 就是要大大的在正面正中間。

作為最後決定者的我，選擇了正中間的大 LOGO，因為我認為制服的效果就是要凸顯品牌，好不好看則是其次。

來到活動當天，大成小館同仁們清一色的黑色制服，配上大大的 LOGO，顯得格外有氣勢、有整體感，不管是哪一位 KOL 來到大成小館的攤位，都能快速找到同仁進行介紹。而在現場媒體聯訪的活動紀錄中，大成小館的 LOGO 非常顯眼，就算是在背景之中，也不容忽視。

同仁中有一位因為個性較為害羞，上午的活動都穿著外套，不好意思露出大 LOGO，我也給予尊重，不勉強他。在工作過程中，他發現其他同仁們不僅不在意，甚至以自己是大成小館的一份子為榮，因此到了下午，他也願意脫下外套，大方露出 LOGO。同仁的認同對創業者而言，也是莫大的感動！

這件制服不僅僅是為了這次活動，後來也成為我的「戰袍」。只要場合合適，我就會穿上大大的「大成小館」T 恤，走到哪裡都是活看板、都是宣傳。甚至它也是我的機場造型，我穿著大成小館 T 恤在機場拍的照片，有七千多個讚，破百萬的觸及人數，省下了好大一筆宣傳費。

很喜歡我爸說的一句話：「現在想要臉，以後不要臉；現在不要臉，以後就有臉。」曾經我是一個怯生的少年，但「創業」在推著我成長，我現在要當一個「不要臉」的創業者，把握每次品牌宣傳的機會。韜光養晦沒有錯，但不適合這個快節奏的年代，無所不用其極，把品牌推出來才是硬道理。

品牌行銷的重點就是吸睛＋重複，我們的 LOGO 就是「大成小館」四個大字，白底紅字、簡潔明瞭，讓人能簡單記住。再加上重複的曝光，各商品、制服、影片、圖文貼文，讓品牌的 LOGO 深植人心。看到 LOGO 就想到大成小館，聽到大成小館就想到 LOGO，那就成功啦！

大成小記

1. LOGO 要簡潔明瞭，讓人記憶深刻。
2. LOGO 的露出要顯眼，商業上才能達到最佳效果。
3. 有機會就要帶上自己的品牌，任何曝光都是好曝光。
4. 韜光養晦已經過時，積極主動才是創業該有的精神。

大成小館破產了！現金流的重要性

大成小館靠著我畢業後工作三年存下來的第一桶金，大張旗鼓的開始了它的旅程。前幾批的產品，很順利的預購、完售，為了不讓銷售出現空窗期，我們馬上追加訂單。

在一切看似邁向光明的時候，大成小館沒錢了！不是產品滯銷，也不是開銷過大，更不是人謀不臧，只是我忽略了「現金流」。

在大成小館開始約一週年的時候，我們漸漸步入正軌，商品、行銷、物流、倉儲都有了熟悉的規劃節奏，這時候要做的，就是繼續擴張，增加品項、增加通路。因為一直以來銷售都沒有問題，所以想當然耳，在週年慶之前，我們追加囤貨。

熱鬧地辦完週年慶，在慶祝業績不錯的同時，我接到了代工廠的請款通知，這對我來說簡直是晴天霹靂。因為追加庫存的品項很多，現金已經都付給其他廠商了，週年慶銷售的營業額，還在金流系統之中，沒有這麼快結帳進帳，一瞬之間，大成小館破產了？

當然，我可以向徐薇老師調錢周轉，但秉持著青年創業的骨氣，我還是決定自己努力度過這一關。

隨後，我便向代工廠道歉，並解釋了這個情況，請他們可以讓我們延宕付款一週，等到週年慶銷售款入帳後，我們就會馬上支付。代工廠可能司空見慣了，馬上就說沒問題，畢竟長久配合下來，我們的信用很好。後來我們在收到金流系統款項之後，立馬把錢匯給了代工廠。

這是大成小館唯一一次逾期付款，這次的失誤，源自於經驗不足，沒有把現金流的時間考慮進去，雖然沒有釀成大災，但是回想起來仍心有餘悸。如果銷售款入帳再慢一點，代工廠的態度再強硬一點，或許對大成小館的損失，就不僅僅是道歉這麼簡單了。

大成小館商品主要是在自有的電商網站上銷售，現金的流轉已經是相對很快的了。若是實體通路或大型電商通路，月結甚至是季結都是常態，那就更考驗公司對現金流的掌握了。

代工廠方面，從出貨到請款，也有一個緩衝時間，這個緩衝時間愈長，對品牌來説現金流壓力就愈小，這也是很重要的一環，有時候甚至可以考慮把現金流時間當作談判籌碼。一言以蔽之，收錢愈快愈好，付錢愈慢愈好，當然要在合理合規的範圍內進行喔！

會計學上，對於現金流有明確的定義，大型公司對現金流的掌握是非常精準的，甚至會利用「負債」的概念，來增加現金的流動性。不過對於我們微創來説，那些太遙遠啦！小品牌的優勢是增長快、決策快、掌控力高，利用這些優勢，可以靈活調整現金流的狀態。

簡單來説，提前規劃、日程計算，就可以做到很好的現金流控制，重要的是，要把這個「概念」納入經營的一環！

大成小記

1. 永遠把現金流的概念納入經營重點之一，才不會有意外發生。
2. 擴大經營之前，錢不只要考慮夠不夠，還要考慮即時不即時。
3. 收錢愈快愈好，付錢愈慢愈好。
4. 提前規劃、日程計算，依照自己品牌的營運節奏，去制定合理的現金流。

林先生的深夜告白，客服教我的品牌事

「您好，我是大成小館的大成，打來跟您溝通麵的事。」禮貌而不失熱情的語氣中，迎來我印象最深刻的一次客服，過程曲折、結局溫馨，也讓我學會了「客服」的真諦。

某天在大成小館「Line@」的訊息中，看到一篇很特別的私訊，說特別的原因有二，首先，這則私訊非常長，而且段落分明；再者，因為私訊的是一位先生，在大成小館百分之九十五都是女性的客群中，這位林先生顯得「鶴立雞群」。

打開這則私訊，映入眼簾的是一頓對大成小館的稱讚。時逢「紅燒滷肉」口味乾拌麵剛發售，林先生不僅稱讚口味獨特好吃，更形容它是「每次加班回家後的救贖」。看到這裡，我就知道這時林先生的「欲抑先揚」，在稱讚完之後，緊接著的「可是……」，就開始說明他碰到的難處。

林先生表示，林太太跟他抱怨大成小館的客服，氣到說再也不買大成小館的產品。林先生錯愕之餘，也非常擔心自己再也無法吃到「救贖般」的紅燒滷肉乾拌麵，因此才來大成小館 Line@ 留言求救，希望我們可以釐清狀況，並讓林太太消消氣。

得知情況的我，馬上致電給林先生了解詳情，在致歉致意後，我也取得了林太太的電話，並且立即打給她：

「您好，我是大成小館的大成，來跟您溝通麵的事。」

「呦～是大成喔～你好你好，我很愛看你直播欸！」

林太太便接著開始跟我解釋她碰到的客服狀況。原來她在大成小館訂購了麵，並選擇「宅配到府」，只是宅配小哥把包裹送到的時候，林先生和林太太都不在家，唯一在家的林阿嬤不認識「大成小館」，以為這是詐騙，便請宅配小哥把商品退回去了。久未收到包裹的林太太打給我們客服，才知道她的包裹已經被退回，輾轉才得知有林阿嬤的這件事。

解釋至此，事情的原委已經水落石出，緊接著就是林太太生氣的原因：客服人員不斷強調，「這不是大成小館的錯」。林太太表示，她也知道這不是大成小館的錯，但是這樣的說明，讓她覺得好像一切都是她的錯，因此在溝通過程中，感到相當不快。

在我跟林太太致歉過後，也表示會把她沒收到的原包裹再寄一次給她，同時另外贈送六包林先生愛吃的紅燒滷肉乾拌麵。林太太表示欣然接受，並且也一直繼續支持著大成小館。

對我來說，客服是大成小館整體銷售的一環，商品賣出去僅僅是完成銷售的 50%，要等到顧客收到商品並且食用完畢，才算是完成銷售。因此對於客服的定義，我認為是解決任何顧客碰到的困難，不計成本、不計對錯，唯有讓顧客順利吃到我們的產品，才是成功的客服。

大成小記

1. 客服的功能不在辨明是非，而是在有沒有解決顧客碰到的問題。
2. 有誠意的客服，也是長期維持品牌形象重要的一環。
3. 懷抱惡意的顧客非常少，所以可以放心對每個顧客展現最高誠意。
4. 小禮品、小禮物來補償客服、物流的損失，可以建立更好的商客關係。

產品的一生，個個是寶貝

「決定就叫它桔蒜嘴醬啦！」新產品終於訂下名稱，團隊大家臉上都露出欣慰而解脫的微笑，接下來還有很多事情要準備呢！

大成小館的每一項產品都是寶貝，有著它們不一樣的故事，從想法到產品、找廠到製作、美編到行銷、物流到客服，才終於走完它們的一生，接著就來聊聊大成小館的產品開發。

大成小館產品繁多，我們就以「江匠醬醬——桔蒜嘴醬」為例，它是很早就推出的產品，但一直熱賣至今。口味酸甜鹹鮮，沾、炒、滷、拌、烤用途廣泛，也是它一直熱銷、回購率高的重要原因。

桔蒜嘴醬誕生的由來是大成小館希望可以開發「鹹的沾醬」，因為我們觀察到市面上很多新形態的「省時沾

醬」，一罐沾醬就可以搞定一餐，這樣的快節奏料理型態，打入了臺灣家庭。

於是我便拿當時大成小館已經有的「鳳梨金桔醬」，在廚房裡瘋狂實驗，賦予它新的生命。最後我用蒜蓉、辣豆瓣醬成功調出理想的味道之後，我們就要面臨找「量產代工廠」的挑戰。

既要還原我調出來的味道，又要符合食品安全的製作流程，我們試了四家代工廠後，終於有一家雀屏中選，得以進入量產。

在代工廠製作期間，團隊便如火如荼的進行後續準備工作：命名＋美編。

大成小館的口味和取名，希望可以表現出年輕團隊的活力創意，於是「鳳梨金桔蒜蓉辣豆瓣醬」這樣平鋪直敘的名稱是不被「允許」的。而「蒜泥梨害」、「蒜蒜鳳桔豆辣醬」各式無厘頭的命名，也是被否決的提案。

此時突然有同仁猛的一句：「桔蒜嘴，極涮嘴（臺語），怎麼樣？」團隊大家如醍醐灌頂般，馬上全票同意了這個名稱，雖然不嚴謹，但是很有大成小館的風格。

「桔蒜嘴醬」這個特別的品名能成立，跟我們電商銷售通路息息相關，如果是放在傳統通路櫃位上，則需要一目瞭然的產品名稱，但因為我們是電商，所以特別的取名反而讓人耳目一新。

等到製作、美編、進貨時間都確定後，我們開始安排它首次亮相的行銷活動。當時正好是秋天，適逢中秋連假時期，想到中秋就想到烤肉，於是大成小館便找了烤肉店合作，以「中秋烤肉組的沾醬」形式讓它首次亮相。

第一波販售取得大成功之後，又因為口碑良好、價格實惠，慢慢成為了我們的明星產品。

　　產品的誕生，先從良好的市調開始，市調完成後，要定群、定位、定價，找到穩定的產線，並安排響亮的行銷。大成小館遵循這個邏輯，已經推出數十款商品，有的產品壽命長，成為我們的招牌商品；也有的曇花一現，為我們帶來話題，但它們都是我們的寶貝。

大成小記

1. 產品從市調開始，有市場洞悉之後，再結合自身品牌優勢、形象去設計產品。
2. 定價、定群、定位，最終決定產品的銷售通路、銷售價格及行銷手法。
3. 每種產品的使命不同，有的是主打產品，有的製造話題，但都要用心盡力。

建立流程，創業就什麼都不用做

「大成，雙 11 快到了，我們已經開始準備了喔！」團隊在我想到之前，就已經把雙 11 活動的規劃想得差不多了，這一切都歸功於我們培養起來的團隊流程。

大成小館創立之初，一切處於混沌狀態，不僅每件事都在學習，同時也在隨機應變。口水雞、臺式麻醬乾拌麵作為我們正式發售的產品，它們的製作、銷售、物流，講好聽是隨心所欲，講難聽是雜亂無章。

在找到代工廠製作雙麵組之後，因為沒有經驗，不知道製成需要的時間，所以在美編進度上沒有配合好，導致最後麵做出來了，但是卻沒有包裝袋。行銷銷售的時候，以預購的形式先販售，雖然一銷而空是好事，但是我們其實還沒有收到大貨，導致最後出貨給顧客又拖延了一段時間，而且出貨時非常趕，團隊很辛苦。

順利出完貨之後，我跟團隊總結這次手忙腳亂的原因。首先，對時程的掌握上，製成、美編、出貨，都有一定天數的工作量，掌握時程才能提前規劃；第二，提前完成準備工作，美編、裝貨這種沒有時效性的工作，可以先準備；第三，把工作流程化，未來只要是新口味拌麵的推出，流程都是一樣的。依照這次的經驗，把流程安排出來，就能避免再犯下相同的錯誤。

大成小館第一次雙 11、第一次冷鏈配送、第一次跨界合作、第一次春節大檔，每個第一次都手忙腳亂。沒有經驗就只能創造經驗，第一次用「常識」隨機應變，但更重要的是總結出問題跟下次改進的方案。

除了產品銷售流程，團隊協作的流程也很重要。大成小館最常碰到的團隊問題，就是美編的人力安排：要做的東西太多，到底要先做哪個？每個人都覺得自己的美編需求是「急件」，都希望愈快愈好，最後只會讓美編分身乏術。所以最後我們團隊總結的結論就是——提前。依照行事曆，把可能會需要美編人力的工作量提前規劃，把預計來回改稿的時間也考慮進去，最後再依照計畫執行。

只要是沒有提前規劃好的工作，就當作是不急的事項，要有規範流程，才不會手忙腳亂。

對於新創公司小團隊而言，「彈性」是一把雙刃劍，高度的彈性讓團隊可以快速調整方向，但同時也容易會變得沒有方向。如何把一次次的「因時制宜」變成「有條不紊」，就是新創公司成長茁壯的關鍵。作為創業者自身，一開始什麼都要去做，什麼都要去了解，因為這樣才能了解各環節的箇中關鍵，而後再制訂流程、方法，最後達到「什麼都不用做」的最高境界。

大成小記

1. 錯誤並不可怕，可怕的是沒有從錯誤中汲取經驗，事後總結讓下次的相遇更美好。
2. 提前的規劃、流程的制定，是不貳過的不二法門。
3. 嚴格依照規範流程執行，才是設計流程的目的，而非朝令夕改。
4. 創業除了衝高營業額、擴大規模之外，流程的制定更是成長的關鍵。

為了打廣告，我連泰文都可以學

泰國肥皂劇中的配樂、五顏六色的花襯衫、臨陣磨槍的泰文，為了新推出的泰式酸辣湯，大成小館努力拍攝著新的宣傳短片，我自己也拚盡了全力。

在大成小館每一項產品的生命週期當中，行銷宣傳是很重要的一環，「行銷」對不同規模的公司來說，做法跟意義大相逕庭，對我們而言，行銷是如何抓住眼球、抓住「演算法」，沒有人看的廣告，是沒有效果的。

大成小館的每項產品在確定產品口味之後，廣告的藍圖就會在我腦海中油然而生，因為口味的特色分明。例如「東北酸菜鍋」馬上想到的就是傳統中式的氛圍：我們後來為它設計的廣告宣傳橋段就是「東北二人轉」，利用熱鬧的中式傳統廟會音樂，把廣告詞編成琅琅上口的歌詞，穿上馬褂、手持扇子，熱鬧的跳起舞、唱起歌來。這則影片貼文獲得非常大的迴響，也為我們那檔「東北酸菜鍋年菜組」衝高了銷量。

大成小館的第二支經典廣告，是我們推出「泰式酸辣湯」時拍攝的影片。比照東北酸菜鍋的經驗，我們拍了一支很「泰」風的影片，利用動感的南洋節奏及花襯衫，營造出泰式氛圍，再加上我向 Google 大神學的泰文，拍出了一支也很吸睛的影片。

這兩次的行銷規劃，最重要的考量是如何利用社群的自然流量，用最少的行銷預算，達到最佳效果。首先，我們分析了社群媒體演算法喜歡推播的影片類型、長度和貼文互動，最重要的是，要讓看過的用戶願意點讚、留言、分享，使影片的傳播效果達到最佳化。作為大成小館創辦人，「臉皮」一定要厚，各種 cosplay、吸睛演出，只要能幫助產品宣傳，那都是非常值得的。

除了利用新媒體管道的免費宣傳，付費廣告也是現代商業上的一門大學問。比起傳統電視或是平面廣告，新媒體廣告的管道、版位、形式五花八門、琳瑯滿目，最重要的是竟然還愈來愈貴。大成小館也有做過新媒體廣告投放，對我們來說，那是一筆挺可觀的開銷，實際的成效，卻也沒有非常理想。

我們既找過專業廣告投放公司，也問過很多其他業界前輩，但眾說紛紜，沒有一個很明確的進步調整方向。行銷廣告無疑是經營品牌的利器，但是如何有效率地使用，以及本益比的評估，是每間公司不一樣的難題。

大成小館現在的行銷重心，主要放在兩個地方：一、原有的社群平臺曝光，製作好影片、好貼文去帶動流量；二、高黏著度社團的訊息推播，有定向的群眾、高度契合的需求，讓行銷預算有更好的回饋。

大成小記

1. 行銷很重要，最終直接影響到銷售成績的，其實是行銷。
2. 行銷永遠要考慮「效益」，多少錢、多少回饋。
3. 免費的行銷不要浪費，有哏、吸睛、高互動，自然流量就是最好的行銷。
4. 放下面子，來當自己品牌的最佳代言人！

創業不只是創業，是執行，是細節

「大家這三天辛苦了！明年我們一定要提前安排規劃！」看著疲憊的團隊，我長舒一口氣。感謝團隊這幾天的付出，這次的雙 11 對我們來說就是一場大戰爭！

雙 11 是電商大節日，每個品牌都會在一年的這一天，祭出最大的優惠活動，作為新興電商品牌的大成小館，當然也不例外。但是第一次參與這樣的盛會，對沒有經驗的我們確實是左支右絀，這一切都要從方案規劃開始說起。

這次雙 11，大成小館推出新口味「三杯雞」乾拌麵作為宣傳主軸，更是推出了 33 包 1111 元的超級優惠來吸引目光。在成功的宣傳下，確實引起了廣大的迴響，銷售進行得非常順利，然而真正的噩夢現在才開始。

配合三杯雞麵的新品到貨，我們的倉儲空間出現了問題，以往口味不多且周轉快速的情況下，我們大多是在辦公室的小倉儲就可以進行分裝出貨。

然而這次為了備貨雙 11，我們提前把每個品項的數量都做補充，再加上新口味三杯雞麵的到貨，結果完全爆倉，不得不啟用相對偏遠的大倉庫作為吞吐，導致我們的商品是分散在不同的角落。

時間來到雙 11 後的出貨地獄，為了要盡快出貨給顧客，我們每天要出數以千計的包裹。其中 33 包麵組是我們出貨的大宗，一箱 33 包的麵，從折疊紙箱、把麵裝箱到貼上出貨單，這個繁複流程我們重複了上百遍。

包到沒有麵的時候，又要從大倉庫拉貨補貨，整個流程變得非常拖沓。同仁們在過程中也非常辛苦，但是仍然堅持著用最高的效率把貨出完，同心協力的合作雖然辛苦，卻也培養出了革命情感。

在這次雙 11 的磨難之後，我們了解到出貨需要有完整的流程規劃。從備貨、倉儲開始，要提前預估銷售量，來分配各貨物的倉儲地點，以節省貨物運送的時間。再者，提前準備紙箱、固定產品組合，已知 33 包組會賣得很好的前提下，先包裝好，出貨時就只要貼單就可以配送。最後，包裝時的分工要專人專任，避免互相影響到包裝的進度，有人負責紙箱、有人負責裝麵、有人負責貼出貨單，各司其職增加效率。

有了這次經驗，大成小館雖然在大檔期時還是會面臨人手緊張的出貨壓力，但至少團隊能有條不紊地默契執行計畫。在電商網購興盛的現代，包貨、物流、客服等執行細節，跟產品開發、銷售是一樣重要的環節，作為創業者一定要自己把關，增加效率、體恤團隊。

大成小記

1. 創業過程中，細節執行與產品發想相比，可能相對無趣，但其實是一樣重要的。
2. 提前規劃、準備，可以增加執行效率，就算有突發狀況，也能應對自如。
3. 團隊是創業的基石，體恤團隊，與之共同奮鬥，最後才會成功！

是福還是禍？品牌合作的雙面刃

「不好意思，請再給我們一點時間，一定會趕得上你們出貨！」合作廠商因為延遲交貨，不斷地向我們道歉，我們也只能無奈接受，這就是跟其他品牌合作會碰到的風險。

大成小館不斷的擴張下，我們發現自己設計、生產產品的速度太慢了，跟不上跌宕起伏的電商環境，於是我們便開啟了兩種不一樣的產品線，合作、進口。對我們來說，合作的好處是可以快速增加品項數，難處是其中涉及比價、進貨、毛利、品質等各式各樣的問題，更不用說碰到會「雷」的廠商。

在某次品牌合作中，大成小館差點因此滑鐵盧。一開始收到廠商提供的樣品時，包裝簡潔、東西好吃，是非常適合合作的品牌。在雙方溝通並確認報價之後，約定了交貨時間，大成小館也為它開始安排行銷方案計畫。當計畫底定，我們也順利收到合作品牌寄到的貨，秉持著「不怕一萬，只怕萬一」的心理，我拆開一箱檢查，沒想到發現了令人痛心的事情。寄來的產品中，有部分包裝破損，導致內料腐敗，產品狀態參差不齊。

我們當然不可能以這種狀態出貨，於是馬上聯繫品牌廠商詢問狀況。沒想到對方含糊其辭表示不清楚發生原因，後續將會再補寄給我們，以趕上我們原定安排的推出時間。然而考慮到與這間廠商的合作，隱約中透著一絲詭異與不誠信，我們最後決定自費把產品退回去，並終止了這次合作，畢竟沒有比大成小館的商譽更重要的事。

品牌合作不僅僅是商品上的交換，同時也能併發出新的火花。大成小館跟很多臺灣在地小農合作，當季在地的農產品，品質、價錢都是最好的，合作中不僅能幫助小農推銷產品，也能讓臺灣元素融入大成小館的新產品中。我們的「鳳梨金桔」醬用的就是臺灣的鳳梨跟金桔，後來更製成了明星產品「桔蒜嘴醬」。

大成小館跟其他品牌合作的基礎是人流，透過我們的社群影響力，去推廣不一樣的產品，反之亦然，大成小館的產品也會透過這種方式，出現在其他品牌的商品欄中。

值得去挖掘的潛力，則是除了簡單的上架之外，能不能因為品牌的屬性、產品的屬性而有更深度的結合。譬如說，大成小館著名的「口水雞乾拌麵」，就有和其他品牌討論，研擬製成口水雞風味的健康燕麥餅，讓合作更上一層樓。

大成小記

1. 品牌合作最大的風險存在於誠信，不是自己的產品，無法自己把關，驗貨要做得更仔細。
2. 自家的商譽只有自己能守護，不怕一萬、只怕萬一。
3. 品牌合作除了最基礎的交換上架、互導人流外，更重要的是能延伸出附加價值。
4. 眾志成城，單憑一己之力，產品擴增的速度太慢，多跟其他品牌合作，互相截長補短，是快速擴張的方式之一。

進口大哉問，整批茶退貨的慘痛教訓

「進口」這件事對於剛創業的我來說，一直是一個不敢觸碰的領域，覺得不是自己可以做到的事情，而且危機四伏。但是真的執行之後，發現其實並沒有想像中那麼困難，同時也讓大成小館的品項更豐富了，接著來聊聊「進口」這個過程吧！

大成小館的第一個進口產品是「南非國寶茶」，日本製，口味獨特。南非國寶茶是一種屬性特別的茶，它無咖啡因，卻又有茶的解渴解膩，但是口感上會略有苦澀。而這款日本進口的「南非國寶茶」則透過特別的調味手法，把苦澀的問題解決了，是一款很棒的產品。

但這款產品並不是由我們直接從日本進口的，是跟臺灣的貿易商訂購，也因此造成了幾點困難。首先是最低起訂量，貿易商為了確保利潤，會規定一次的最低訂貨量，無形中造成我們庫存上的壓力。再者，利潤被壓低了，畢竟中間經過了一次轉手。

最後，因為無法自己向日本訂貨，必須配合貿易商的時程，導致補貨時間的不確定。不過凡事有利有弊，貿易商確實能省下很多時間與心力，讓我們可以致力於自製品的開發。

在大成小館的第二年，我們終於嘗試自己進口了一款加拿大茶的產品。加拿大的茶口味特別，口感溫順，是我住在加拿大的阿姨帶回臺灣的伴手禮。我初次嘗到之後，驚為天人，於是決定著手進口，而且這次不找貿易商。我們直接透過包裝，聯繫上了原廠商，再向它直接訂購，並由我們承擔海運費用。

經歷了一個月的日程，這批加拿大茶終於遠渡重洋來到臺灣海關，此時第二道難關開始了。由於沒有報關的經驗，對於外來商品的標示，我們不清楚規範，導致其中有一款茶被打槍，因為它在商品標示上寫了「健胃」。由於「健胃」屬於「醫療效果」，不能標示在普通食品上，我們便與這款茶失之交臂。

而後又因為海關要抽檢商品，有數十罐茶被開封檢查，這些開過的產品，我們當然也無法販售，造成了我們原本預期的成本損失。所幸這些加拿大茶後來賣得非常好，也得到了顧客的認可。現在已經成為我們穩定補貨的進口商品。

疫情解封後，我馬上去了一趟日本，遊山玩水之際，同時也在物色產品，尋求進口的可能性。除了這種走馬看花的形式，每年各國也都有舉辦商品展，吸引貿易商來做海外代理，這都是可以繼續擴充大成小館品項的方式。

再甚至，也有跟當地農產品深度合作的貿易商，把品質好的食品送上每個臺灣家庭的餐桌。

註：進口並非代購，相關商品一定要合法合規，大成小館提醒您！

大成小記

1. 舶來品向來都擁有很大的市場，也是零售創業很好的一個選擇。
2. 進口一定要了解相關法規及申報規範，以免誤觸法或是造成商品折損。
3. 國外產品有很多展覽，多去參展不僅能找到適合代理的品項，更能激發自己創新的點子喔！

寵粉寵出來的售後服務

「哈囉！今天我們要來示範 XO 醬炒飯！」在每週三的直播中，我介紹著今天的菜餚，這是來自大成小館獨有的「售後服務」。

大成小館自創立以來，就是以分享美食為宗旨，在社群上跟粉絲交流。分享食譜、做菜小技巧，透過圖文、直播的形式，慢慢累積起流量，才終於推出了產品。也正是因為如此，我們非常「寵粉」，不僅僅是在品質、價格上寵粉，更是透過行動，讓大成小館的產品更深入每位顧客的生活，這就是我們的「售後服務」。

任一種食品帶回家後，免不了要有料理的手續，就連最簡單的乾拌麵，也要開水煮熟、瀝乾、拌麵。而大成小館提供的，不只是「指引式」的售後服務，而是「沉浸式」的服務。

以 XO 醬為例，XO 醬在推出之後，很多顧客買回去不知道怎麼運用，或是只會拿來配水餃，非常可惜。於是我在接下來幾週的直播中，示範了各種 XO 醬的料理，XO 醬炒飯、XO 醬炒米粉、XO 醬海鮮燴、XO 醬清炒蝦仁……，在直播中分享，還可以即時回答顧客想問的問題，「售後服務」就因此而特別且窩心。

除了分享使用方法，我也會分享讓食品更上層樓的料理方法，一方面展現我技癢的廚藝，同時也分享美味升級的料理方式。大成小館的乾拌麵，除了水煮乾拌之外，有的也可以冷吃、可以炒麵、可以把醬包、油包分開用，讓原本相對樸素的乾拌麵，有了新的生命。

但是最受顧客好評的反而是「老闆私房」吃法，我自己研發了一個很簡單的吃法，可以放大一百倍的美味：加上一顆磨好的蒜泥和肉鬆。這個做法簡單，但是效果顯著，同時又因為標榜「老闆私房」，更讓顧客覺得學到賺到，是很好的售後服務。

在現代競爭激烈的社會中，常規的售後服務，退換貨、鑑賞期、客服等，已經是品牌必備的服務，而不是賣點。作為青年創業品牌，展現出誠意、創意的售後服務，已然成為趨勢。我有一位賣小植栽的學姐，提供的售後服務是「每月免費盆栽健檢加施肥」，因此帶動了消費者每個月都會回她店裡一次，來「享受」售後服務，享受的同時又在離去時多買了兩盆，促進了顧客的回訪率，不僅留下良好的口碑，更使業績快速成長。

　　大成小館也因為售後服務，讓顧客黏著度更高、回購率更高、商品討論度更高，用創意取代勞力，創造出比簡單客服更高的售後服務價值！

大成小記

1. 售後服務不只侷限在退換貨、維修、客服等基本項目，它可以有很多創意的延伸來創造價值。
2. 「老闆私房分享」的概念，在推自家品牌商品的時候，是很有說服力的觀點。
3. 比起跟大品牌比拚傳統客服，青創品牌沒有資金、沒有優勢，發揮創意，讓售後服務的成效事半功倍。

你會想吃大成做的紅燒滷肉嗎？社團行銷學

「大成，除了花錢打廣告、直播賺流量之外，你們還有什麼特別的行銷手法嗎？」這是一次演講中被同學問的問題，我覺得她問得非常好，利用創意造就的集客力，是對新創公司來說 CP 值最高的行銷方式！

大成小館的客群主要是家庭，因此在美食料理上都頗有心得，利用這一點，我們經常舉辦美食分享的活動。我們會在大成小館的臉書社團中發起「紅燒滷肉節」、「XO醬蛋炒飯節」等活動，讓大家來 PO 自己家裡做的版本，最後再從參與者中抽出數名網友給予獎品。

這類的活動通常會輔之以該品項的優惠方案，為了讓更多人可以參與活動，指定商品給予優惠。這樣的行銷既有說服力，又讓單純的購買行為有了多一層的意義，對於商客是雙贏的結局。

我們推出「紅燒滷肉風味乾拌麵」的時候，就在社團裡進行了一次「紅燒滷肉節」。紅燒滷肉是臺灣家家戶戶都會做的料理，因此在社團活動中取得了很大的迴響，每一位社團成員都 PO 出了自家版本的紅燒滷肉來共襄盛舉，我們的社團人數也因此獲得大幅度的成長。

最終獎品除了有大成小館的商品之外，還有一份特殊獎：大成親手製作的紅燒滷肉冷凍包！正所謂「千里送鵝毛，禮輕情意重」，我覺得是來搞笑玩哏的獎品，竟然成為了參與活動的最大誘因。

在一次直播中，我示範製作了這份獎品，並在現場從參與者中抽出中獎者，熱熱鬧鬧地結束了這次的活動。這次活動帶來了銷售、聲量、社團人數的成長，而且還讓顧客的黏著度提升，是一次很成功的創意行銷活動。

聰明的朋友看到這裡就會發現，這次活動成功的關鍵就是社團。我們的臉書社團叫「大成小館一你來上菜」，是我們在大成小館直播滿一週年時創立的。創立的宗旨在提供一個園地，讓我們的客戶可以分享自家的美味菜餚，同時也成為大成小館行銷、辦活動的一個重要管道。

社團的力量不僅僅是聚集人潮，它更能提供凝聚力，和可以雙向互動的管道，讓我們更了解自己的客戶。社團的經營，最重要的是它提供的「功能」，在「你來上菜」社團中，主角不是大成小館，而是每一位成員，他們在這裡分享、互相鼓勵而得到喜悅，正能量的分享，才是我們社團人數成長的基調喔！

不論是要經營社團或是 Line @，需要的都是時間，每次活動的累積、每次直播的推廣，慢慢的讓「低成本」管道建立起來，最終對大成小館的業績起到關鍵作用！

大成小記

1. 透過創意，用自家產品辦活動，是一種 CP 值很高的行銷活動。
2. 經營社團，提供對象想要的功能，才是最重要的。
3. 掌握社團、Line@ 等管道，可以讓行銷的成本降低下來。

被麵堆滿的辦公室──倉儲大哉問

「大成，我們真的放不下了，一定要再找倉庫！」團隊同仁緊急告知我倉庫空間告急，下一批貨進來時，馬上就要放不下了。為此，我展開了找尋倉庫之旅。

對於做零售業的大成小館而言，成本有一部分是花費在倉儲上的，再者因為食品的材積售價比又很高（東西體積大、售價又低），所以倉儲的成本相對更高了。

在大成小館創業之初，我們是沒有倉庫的，辦公室的走道就是我們的倉庫。我們的前幾批產品是用預購的方式進行，貨品還沒進到辦公室就已經售出，所以周轉的速度非常快，就沒有碰到倉儲的問題，只是這樣的模式並沒有持續太久。

隨著品項的增多、業務的擴展，為了確保每一項商品盡量都維持在有庫存的狀態，我們必須解決倉儲的問題。

一開始，我打聽了其他新創同業的作法，有人利用租借式的個人倉庫，不僅價格輕量，還可以代為發貨，但是這並不符合我們的需求，畢竟乾拌麵的體積實在太大了，怎麼算都不划算。

於是我轉而尋找臺北周邊的月租型倉庫，不找不知道，一找嚇一跳，原來倉庫這麼貴！動輒十萬的月租，不是作為新創公司的我們可以負擔得起的，我只好再尋求其他解決方案：找親朋好友協助。

在打聽之下，剛好我有一位表舅他是開木材加工廠的，他的廠房內還有空間，可以讓我們作為倉庫使用，我們便以相當優惠的價格租用下來，成為大成小館日後成長茁壯的堅實後盾。

有了穩定的倉庫之後，下一課就是要學會與它「共處」。因為倉庫的位置是在桃園龜山，我們必須建立一套出貨流程才行。

每逢出貨的大檔期，團隊會把出貨的工作帶到龜山去處理，這樣就可以省去來回補貨的時間及成本。日常出貨時，我們則會定期把龜山倉庫的貨補進辦公室，由辦公室

這邊出貨。隨著倉儲流程的建立，大成小館在品項擴張上面變得更有餘裕，成長的速度也隨之提升。

倉庫除了堆放貨品之外，另外還有一門大學問，那就是倉庫管理，包括數量、效期、擺放位置、進出貨管理等，倉庫管理是一門非常繁複的事情，甚至也有專業的學科為此而生。我們一開始太小看這件事了，一度導致倉庫的存貨陷入混亂，而後才開始重視並建立管理流程，而且有專人專任。

並不是每一間新創公司都會面臨倉儲的管理，像是服務業、科技業等，可能就沒有強烈的倉庫需求，但是對於零售業的我們來說，是不得不重視的一塊喔！

大成小記

1. 食品零售業的商品材積大、售價低，倉儲成本相對來說較高，是新創公司一定要注意的一項成本。
2. 找倉庫時一定要有耐心，多聽、多看、多問，才有機會找到最合適的方案。
3. 倉儲不僅僅是堆放物品那麼簡單，它是一整套的流程，專人專任把倉儲管好，衝事業才能無後顧之憂。

大成小館也出國啦！出口的那些事

「非常期待能夠跟您合作，進軍美國市場！」帶著激動的心情，我們終於為大成小館的出口業務找到了希望的曙光。

大成小館在臺灣經營數年，在地的行銷、通路模式都已經成熟也趨向飽和，此時若是想讓大成小館的業績更上層樓，我們就必須要找到新的市場：出口。話雖如此，但出口到底要從哪裡開始呢？

我第一直覺想到的，是找跨國通路的電商平臺進行合作，讓我們在臺灣已經上架的產品，可以出現在其他國家的電商體系中。經過一番交涉之後，我發現電商平臺都很願意讓我們上架，但是能給予的實質支持卻非常少。

我們仍然需要自行支付每一筆國際運費及出口當地的行銷宣傳費等，這些本來就是出口最困難的痛點，它們卻一個都沒有幫忙解決。因此，我們轉向了第二個選項。

我開始在網路上尋找，美國當地的華人線上超市平臺，它們專門進口亞洲食物，並銷售給在美的華人。經歷了不斷的嘗試，終於找到正確的窗口展開對話，但是他們給我的結論，卻讓我覺得窒礙難行——我要自己想辦法把貨品出口到美國。

「只要貨品能正常報關，進到美國境內我們的倉庫，我們就可以向你進行採購。」這代表大成小館要成立一間美國公司（或是找進出口公司合作），自己安排船運貨櫃、通過美國海關。這些並不是不能做到，但是過程的繁複與專業，讓人望之卻步。

正當出口這件事一籌莫展之際，在美國的姑姑突然傳來捷報。姑姑在紐澤西華人醫療體系經營了數十年，正好認識了一位在美國從事華人商品的進口批發通路商，這正好完全符合我們的需求。

經過幾封電子郵件的往來後，我得知他們正好有同事在臺灣出差，真是天助我也！於是馬上就跟這位同事約了見面，並且請他試吃我們的產品。

好的產品禁得起考驗，缺的只是機會，對方一試吃之後就表示滿意，希望可以帶樣品回美國給同事一起品嘗。至此，大成小館的出口之路正式開啟。

我們首先要通過美國食品藥檢署 FDA，然後把包裝改成符合美國規範的規格，最後再把合格的產品運送到臺灣的出口港，這樣就完成任務了。剩下的海運、在美國的海關、通路分銷等，都會由這間合作的通路商完成，這是對大成小館非常友善的合作模式。對方甚至還邀請我到美國巡迴展出，一切都是那麼的令人期待！

出口意味著穩定的貨品銷售，以及大成小館的新篇章開啟，整個過程我們付出最大的努力，最後的臨門一腳，運氣到來時，一切自然水到渠成！

大成小記

1. 出口一定要考慮到實際執行面，有些條件看似優渥，實則操作起來非常困難。
2. 出口能迅速帶動銷量，讓新創經營的現金流穩定。
3. 保證產品品質，面臨檢驗的時候，有備無患。
4. 盡最大的努力，當運氣來臨時，自然水到渠成。

在冷凍庫裡包貨，差點變成人體冰雕——物流大學問

物流是現代網購時代的顯學，今天下單、明天送達，彷彿已經成為我們對電商平臺的基本期待。冷凍生鮮、宅配、店到店、快遞，各式各樣的服務油然而生，而在這個風口浪尖上前行的大成小館，也必須「隨波逐流」。

剛開始經營大成小館時，我們推出的第一個優惠就是全館滿八百免運（到現在也還是），但這之中其實經歷過大大小小的風波。我們推出的第一個組合是 20 包麵 850 元的組合，也就是一週內預購完售的第一批產品，用來裝這個組合的箱子，我們都叫它「A 箱」。

這個 A 箱的材積大小，剛好符合貨運公司的規格，所以一開始也都相安無事。然而隨著品項增多、優惠增多，我們陸續也推出了 30 包組、40 包組等，裝它們的箱子勢必要比A箱來得大，而材積也超過了貨運公司的規範大小，這就意味著貨運成本增加。面對成本增加的壓力，比起羊毛出在羊身上，去增加商品的銷售價格，我們選擇另謀出路。

我們調查了市面上不同貨運公司的價格，在比價後發現，超過A箱的材積，使用另一家物流公司更為划算，但是A箱還是維持原案最好。因此我們接下來就有了兩套貨運系統的規範，依照材積大小，去劃分配合的貨運公司。

那麼大成小館就從此過上幸福快樂的日子嗎？並沒有！到頭來苦的還是自己。一開始因為配合的貨運公司不同，同仁們在出貨時難免手忙腳亂，這時候流程化的管理就顯得格外重要。

根據經驗總結，我們會把每天要出的貨按照材積大小分好，每天定時定量去準備貨品的配送。比方說，200個A箱走A物流，150個B箱走B物流，50個走店到店。有了提前規劃，就少了臨陣磨槍的混亂。

再者，冷鏈貨品也是大成小館的商品品項之一，諸如中秋烤肉、新年圍爐等，都涉及到冷凍生鮮的貨品。某一年過年時，大成小館推出了火鍋組，除了生鮮肉品之外，還有我們自家的常溫酸菜白肉鍋湯底，我們甚至跟冷鏈公司配合，到他們的冷凍庫裡面包貨，外頭的寒流跟冷凍庫內的酷寒比起來，簡直如沐春風（感謝辛苦的團隊陪我受苦受凍）。

最後，物流最重要的一環，也是自己最可以掌控的一環，那就是包貨。在電商平臺消費的顧客們，每個人購買的品項不同、數量不同，因此最終包出來的紙箱材積大小也有所不同。為了因應各種不同組合，我們在包貨區有一張「包貨指南」貼在牆上，如「4 鍋 10 麵：A 箱」、「8 鍋 15 麵：B 箱」⋯⋯，同仁們按圖索驥，才能最有效率地完成每一筆訂單。

物流絕對是經營零售新創的一大學問，不僅要兼顧效率、本益比及流程合理性，更要讓貨品安全無損的交到消費者手上，好好花時間鑽研吧！

大成小記

1. 貨比三家不吃虧，物流公司多比較幾家，選出最適合自己的方案。
2. 流程化的管理，才能避免多樣組合帶來的手忙腳亂。
3. 物流就像子彈，只有事前備妥了子彈，才能打贏創業這場仗。

我很自豪生在水果王國——大成小館與小農

「大成小館推出，必屬佳品！」這是一句讓我們引以為傲的直播留言，它代表的不僅僅是產品的成功，更是對於大成小館核心價值的肯定。我們除了自製的產品外，也跟很多特殊的產品商家合作，這其中牽涉到的細節，更是數不勝數。

隨著大成小館的規模不斷成長，自製產品慢慢地出現了侷限性：生產設計週期太長、前期投入成本大、產品屬性雷同等。因此我們也開始跟各式各樣的產品商家合作，其中包括進口、小農、特殊產品……等，讓大成小館的品項更為多樣豐富。

因為大成小館有成熟的社群流量及電商管道，琳瑯滿目的業配置入邀約，塞滿了大成小館的信箱。但比起收錢業配，我們更傾向有故事的長期合作，小農就是很好的例子。臺灣是水果王國，在各個城市都生活過的我，可以很負責任的給予認證，便宜又好吃的水果就在臺灣。

但並不是每位果農都熟悉新型態的電商，他們只能把水果銷往傳統的大盤通路，一方面中間通路費抽成高，二方面水果也不一定能在最新鮮的狀態送到消費者手上。這就是大成小館登場的時候，我們會接洽當季水果的果園，請他們以產地直送的價錢給我們，再由我們推薦給顧客。

當然，在接洽的過程中，我們會確保水果的品質與 CP 值，一定要幫消費者把關好，再來就是安心的瘋狂推薦了。這兩年來，我們推銷過金桔、檸檬、芒果、木瓜、荔枝等，每一款都是秒殺（因為小農的產量本來就不多），而且口碑非常好，創造出消費者、小農、大成小館的三贏局面。在一次又一次的銷售累積中，大成小館等於品質好又便宜的形象，也得以在消費者心中建立起來，最終也助長了我們自製的產品銷售。

跟小農的配合中，不乏各種趣聞趣事，對大成小館來說都是很棒的經驗累積。果農為了確保水果在最新鮮的狀態下送到消費者手上，跟我們合作的水果大多都是現採現寄。然而採收這檔事要視天氣而定，在臺灣這片天氣不穩定的土地上，意外才是常態。今年的木瓜因為碰到豪雨特報，影響到採收的日程，甚至有可能會碰到雨水帶來的水傷，跟小農、消費者兩端積極的溝通，希望大家的損失都能降到最小，讓我不禁感嘆小農看天吃飯的辛苦和辛酸。

另外我們也碰過，因為跟大成小館合作之後，業績蒸蒸日上甚至還自己建立了電商平臺的小農。很欣慰的看到大成小館在創業途中，不僅累積自身的品牌價值，更能對臺灣社會貢獻一份不一樣的心力，幫助小農轉型，得到這樣的成就感，甚至比自身品牌營利還要開心呢！

大成小記

1. 任何產品都要把握品質好、定價好的原則，只有親自把關，才能確保品質的穩定。
2. 不僅是小農，任何可以提供「故事」、「情感」連結的產品，都有它值得被推廣的附加價值。
3. 不一定每一檔產品都要賺大錢，但每一檔產品的積累，最終都會成為對品牌形象的提升。

PART 4

創業人，創業事

——一些創業的小故事

夾腳拖大哥成為創業路上的貴人

開車開進五股工業區，稀疏的路燈讓寒冷的夜晚顯得更加昏暗，我，在業配的路上。

2020 年初，大成小館粉絲專頁略有起色，但是還沒正式創業前，我經歷了業配與創業的兩難。接到第一次的業配邀約，無疑讓我非常的興奮，滿心期待來到指定地點——五股工業區的一間廠房，這次業配的內容，是替一間傳統的生鮮品牌做料理直播。料理直播是我的專長，當然信心滿滿的接下這份業配，但是直到現場才發現，我真的太嫩了。

一走進廠房內，開闊的空間、明亮的燈光，跟外頭的昏暗形成強烈對比。迎接我的是一位大哥，也是老闆「祥哥」，平頭、皮夾克、牛仔褲配上夾腳拖，他露出鑲金包銀的牙齒熱情微笑，在氣勢上，我完全被他壓過去。

帶到指定的直播地點之後，發現廚房的設計、用具與食材，跟我平時直播習慣的完全不同，在祥哥一陣手忙腳亂的協助後，終於勉強可以直播了。直播中，除了做菜的我，還有他們請來的兩位女主持人，一搭一唱之際，我有些找不到自己的節奏。祥哥在一旁的熱情微笑，也笑得我心裡發寒、冷汗直流。

由於直播受限於時間的關係，現場煎的一隻雞腿還沒來得及全熟，就必須進行試吃。我切了邊邊一塊給其中一位女主持人，她吃完之後，竟然還對鏡頭猛地誇讚了一番。

我心想：「這就是專業嗎？」兵荒馬亂的直播終於結束了，祥哥對我的表現很是滿意，也說效果、銷量都很好，這時我才終於放下心中的大石頭。這次業配，2 小時直播加上一篇貼文，我賺了 14000 元。

這次業配結束後，我毅然決然的決定要創業，我想要成為「祥哥」。倒不是害怕了混亂的直播，而是我想當自己的主人。接業配這個選項對我來說，第一、沒有穩定的保障，不知道能接到多少案子，不知道人氣能維持多久，也不能給自己的粉絲明確的交代。第二、以我的規模來說，業配事業的成長性不足，因為業配的商業模式不容易橫向複製，粉絲、人氣也是消耗品，二十年之後，我還能繼續接業配嗎？

創業的收入雖然在前期比不上業配，但是一切的成長都是屬於自己的。每一項產品、每一次直播，都是幫自己的品牌「業配」，而且能按照適合自己的節奏跟形式進行。業配自己的品牌，對產品會更有信心及把握，對粉絲而言，他們也不會感到厭煩。

業配做得很好的大有人在，我很佩服他們歷久彌新的人氣以及敬業的態度，因為我知道這有多難。一旦有了社群人氣之後，選項便會在眼前出現，選出最適合自己的努力做下去吧！

大成小記

1. 業配要面對品牌及粉絲，照顧好每個群體，才能長久經營。
2. 在業配的甜蜜糖衣內，隱藏著不穩定性，通盤考量才能揚長避短。
3. 創業永遠是對自己的投資，很多事情不會立竿見影，但凡走過必留下痕跡，最後都是自己的。

被偷走兩百萬，再獲利二十倍的投資雲霄飛車

一根一根翻紅的漲幅，我塵封已久的乙太幣，在短短幾個月的時間內漲了二十倍，這是我最成功的一次「投資」。

在臺大經濟系畢業之後，我輾轉於電玩、遊戲產業之間，期間我在一家遊戲區塊鏈公司工作過半年，也就是這半年的時間，讓我有了一次很瘋狂的投資經驗。2018年，區塊鏈、發幣、加密貨幣方興未艾，我透過介紹，輾轉進入了一間遊戲區塊鏈公司，主要負責市場行銷。

在工作期間，我主要做全英文的媒體宣發、內容生產、橫向溝通等，月薪 3500 美元，可以拿現金或是加密貨幣。這份工作，隨著上海電競俱樂部拋來的橄欖枝而中止，當時拿的乙太幣及比特幣，也就放著不管沒動了。

時間來到 2021 年，美股、臺股、NFT、加密貨幣，所有投資標的物大漲，我打開電子錢包一看，兩件怪事發生了。我的乙太幣漲了二十倍，但是比特幣不見了，回頭翻看新聞才知道，因為交易平臺被駭客入侵，比特幣全數被盜（當時比特幣一顆 6 萬多美元）。

所以一夜之間，我被偷了 200 萬元，又賺進了數百萬元，那是一個瘋狂的夜晚——這就是我的「投資」經驗。

可以看出這完全是「運氣財」，我也不把這當作我的投資眼光精準，但是經濟系畢業的我知道，利息是錢的時間價值，而投資可以有效率的放大這個時間價值。投資不僅僅是買股票、買債券，它也可以是對事業的投資、對自己的投資。

對我而言，投資股票、債券我並不專業，與其冒進，我選擇把錢投入到實業中，讓大成小館再進一步提升價值，甚至是擴展新的事業線。

因為不是合資公司，投入的資金就沒有股份的考量，紮紮實實的投在自己的品牌上。「投資自己」的概念除了回報率之外，也會有其他附加價值。

比方說大成小館的行銷廣告費用，除了看銷售轉化之外，隱性的也在增加品牌知名度、能見度。

再講高大上一點，「花錢買經驗」，創業沒有一蹴可幾，只有親身經歷，不一樣的產品開發、商業模式，有時候不嘗試真的不知道。

像是大成小館的泰式酸辣湯，是我覺得最好吃的產品，當時信心滿滿的上市，不料卻平平淡淡的銷售，冷冷清清的堆庫存。後來檢討是市場調查不足，臺灣人對於泰式口味沒有太大的反響。然而結果雖然慘，但也都是轉化成能量的經驗。

投資百百種，唯一教條是：「不投資自己不了解的領域。」股神巴菲特在傳奇的投資生涯中，鎖定的都是偏傳統產業，儘管網路、AI 等新興市場欣欣向榮，他依然擇善固執。

大成小記

1. 只投資自己了解的領域，投資是讓金錢發揮更多價值，而不是賺取暴利。
2. 投資自己的效用，會遠比實際轉化更多，不要忽視無形的力量。
3. 花錢買到的經驗，是無可替代的寶物，從錯誤中學習寶貴的經驗。
4. 投資一定有風險，基金投資有賺有賠，申購前應詳閱公開說明書。

大成小館大翻車，安全「駕駛」才是王道

「大成，客服收到不少訊息，說收到產品都解凍了，怎麼辦？」同仁略顯慌張的回報情況，那是大成小館第一次經歷較大規模的事故，我翻車了。

2021 年農曆春節，時值疫情高峰，大家不敢在外面聚餐，都選擇在家吃，這樣的背景下，各式冷凍宅配年菜組合百花齊放。大成小館雖然比不上五星飯店或是名廚，但因為我們有穩定人流，所以可以用批量價進到新鮮的海鮮，來幫大家的年夜飯更添風采。於是我們推出了「1688 元年菜組」，其中大蝦、肉片、海鮮、酸菜白肉鍋底配料豐富，而且 CP 值也非常高，在推出當晚就銷售一空，甚至還追加組數。然而，在還沒來得及慶祝銷售好成績時，問題就接踵而至了。

當時大成小館第一次做冷凍宅配，對於細節和時程的

掌控還不到位。首先，當時我們非常相信物流的冷凍技術，所以沒有在我們自己的包貨上再加上保冷及防水措施。如果物流順暢的話，是還不會有什麼問題，但是一旦出現送貨拖延的話，融化的冰會讓紙箱從裡濕到外面。

再者，當時接近農曆春節，物流出貨只出到小年夜，之後就停運了。雖然我們已經有因應時程去預留配送時間，但就結果而言還是太趕了，差點就有人吃不到年夜飯了。

2021 年春節是疫情的高峰，因為大家都選擇在家吃年夜飯，所以冷凍物流的配送完全超載，導致配送時間被拉長，部分冷凍貨品退冰。在貨發出去的幾天之內，我們陸續收到客服訊息表示，收到的貨品已嚴重退冰，甚至紙箱全濕。收到這樣的反應後，我們在驚愕之際，當然是進行緊急補救，凡是出現退冰者，一律免費補寄一組。對我來說，比起損失的產品成本，我更在意的是消費者的食品安全，以及重要的年夜飯一定要準時上桌。

所幸補寄過程還算順利，這些消費者都有及時收到補寄產品。然而仍有一位客人表示，她補寄的那組一直收不到貨，在我們輾轉打聽之下才知道，貨被卡在物流轉運站出不來，而當時已是小年夜當晚。

我們一方面害怕貨物退冰，另一方面擔心來不及，於是決定直接放保冷箱，由我們自己驅車前去送貨。還好路途不算太遠，最終及時送達，也解決了這次危機。

經過這次教訓，日後我們只要有冷凍貨品，一律都會再加裝保冷塑膠袋，並且時程安排上，也把「容錯時間」考慮進去，後來在冷凍配送上，我們再也沒出過錯。不經一事，不長一智，只有自己能為品牌把關，其他廠商縱使沒有惡意，也不會把最真實的全貌都告訴你。

大成小記

1. 創業路上，錯誤一定會發生，緊急的補救、不貳過的學習精神更重要。
2. 當錯誤發生時，以客戶的消費體驗為重，損失的成本則成為進步的養分。
3. 合作廠商給的建議要聽，但不能全聽，每個人都追求自己的利益最大化，只有自己能為自己把關。
4. 要避免「翻車」，安全駕駛才是王道，不怕一萬、只怕萬一，做好最萬全的準備，是永遠不會錯的。

客家外公教會我傳統的創新

「大成，如果麵條可以再細一點會卡好食喔！」外公用溫柔的客家話，特地打電話來跟我說他對大成小館口水雞麵的試吃心得。在外公眼中，把真誠的建議告訴創業中的孫子，是刻不容緩的事情，大成小館也確實把外公的建議，變成我們後續產品開發的標準。

大成小館的產品開發定調，其實經歷過幾代更迭，最開始設計的口味，以「大成」作為年輕人的經驗記憶去開發，推出了臺式麻醬及口水雞乾拌麵。第一波成功推出販賣後，我們開始廣納試吃心得，撇除掉大部分的正評，還是收到不少指教，例如：口水雞味道很好，但是可不可以改成細麵；口水雞的辣，家中孩子不敢吃；希望口水雞可以是跟麻醬一樣的細麵……。最後我歸納整理，大多數的建議都是麵體要細要軟、口味不要辣，這也讓我們對顧客的輪廓更明確：家庭。

在我糾結新產品要繼續挑戰創新、注入年輕人的創業活力，還是遵循傳統、推出市面上已有的安全牌口味時，我接到了外公的電話：「大成，公公吃了你的麵，想跟你說說我的感想。」用客家話夾雜國語，外公把他的試吃心得毫無保留的告訴我。作為最支持孫子的外公，他當然每一種口味都喜歡，但是他反覆強調他是老人家，所以喜歡好咬的東西，希望麵條都能又細又軟。

外公的真誠，讓我聯想到其他顧客吃到我們麵條時幸福的表情，男女老幼闔家吃著大成小館的溫馨畫面。從此之後，大成小館的產品便以家庭為定調，口味及口感都以闔家共賞的角度設計。

但是我也沒有放下創新，在傳統的基礎之上去創新，是我的新策略。「金沙腐乳」就是傳統創新的例子，利用臺灣人傳統上很愛的兩種口味：金沙鹹蛋和豆腐乳去做結合，讓兩種傳統碰撞併發出創新的美味。在口感上，我們使用傳統的日曬細麵；在口味上，鹹香偏甜，讓小朋友也喜歡。這就是大成小館傳統的創新。

傳統跟創新不是反義詞，不了解傳統就難以創新。大成小館主要以食品商品為主，「食」又是生活百態中最重要也最傳統的一環，在這個行業中要創新，就一定要了解傳統，「食無定味，適口者珍」，比起創新，顧客覺得好吃才是最重要的。

一樣的產品設計邏輯，也適用在各行各業，新創團隊反而最忌諱落入「創新」的死胡同，覺得產品一定要標新立異，一定要嘩眾取寵，其實回頭看看傳統再進行創新改良，也是一條很棒的道路喔！

大成小記

1. 聆聽、觀察、理解，才是做出好產品的關鍵。
2. 設計符合自家顧客的產品，比設計自己想做的產品更重要。
3. 不要陷入「想創新」的死胡同，創業路上多回頭看看傳統是怎麼做的。
4. 當找不到產品定位的時候，從最終顧客使用產品的場景回推，會有完全不同的新感受。

在上海讓我震撼的創業故事

最近剛從上海辦事回來，踏上曾經努力奮鬥過一年的土地，如今我只是一般來往的旅客了。在上海工作的那一年，我學到、看到很多，如今再次回到上海，見到各奔東西的老戰友們，截然不同的體會在內心萌芽：我能看到更多以前忽視的社會。

在上海工作的那一年，大多的時間都關在電競俱樂部當中，過著宿舍、訓練室兩點一線的電競生活。直到升職為董事長特助以後，才得以見到更多的上海社會百態。在那年的學習中，我也認識了不少創業者，他們對於成功的渴望以及理想的遠大，讓我望洋興歎，但當時我不知道的是，並不是每個人對創業的想像都是按部就班的。

當年我認識了一位做電競周邊的新創老闆，他叫龍哥，所謂電競周邊，就是鍵盤、滑鼠、電競椅等電競比賽

等級的遊戲玩家設備。之所以結識龍哥，當然也是因為我任職在最頂尖的電競俱樂部，當中多少都有資源交換的可能性。

第一次見面，龍哥非常闊綽的請我在人均消費人民幣 2000 元的火鍋店，身穿名牌、戴著看起來很貴的手錶，對我親切的露齒而笑。面對成堆的山珍海味，我為我直接穿戰隊工作服前來感到不自在。

飯局上，大部分的時間我都在聆聽，聽龍哥發跡的過程，以及他對未來擴張的布局。在他天花亂墜完、飯局即將結束之際，我終於聽到他此次找我的用意。他告訴我，他在談上海最大的網咖連鎖，要把所有的設備都換成他們家的品牌，希望我們戰隊出名，他出力出錢，一起把合作計畫談成。

當時我深知這件事的可行性不高，便在幾聲寒暄附和之中，結束了這次的飯局。我真心祝他成功，但也為這次的「鴻門宴」，流光了一年份的冷汗。

另外，我也結識了一些電競圈外的朋友，其中一位在電商賣自己的新創潮牌，他叫小王。與龍哥不同，他第一次跟我約在咖啡廳見面，身穿 Polo 衫、穿著跟我同款的布鞋。

在跟他對答之際，他不斷在我們互相介紹產業的過程中，尋找可以真正互利互惠的合作可能性，誠懇又成熟。他大我五歲，當時的他就是我希望自己五年後的模樣，誠懇又成熟。

趁著這趟去上海，我向老朋友們打聽了這兩位朋友的現況。聽說龍哥已經跑路了，具體發生了什麼事也沒人清楚；小王則是依然經營著自己的品牌，並且愈做愈大。作為已經創業三年的我，孰是孰非一目瞭然，然而在終於得知兩人結局大相逕庭之時，我也反思當時結識二人的心路歷程。

當時我心裡是崇拜龍哥的，覺得他「應該」是個很厲害的人，但現在回過頭來看，他充其量是花錢擺出架子，企圖以此為武裝來博取資源的人。反觀小王，無論是當時或現在，他透露的就是兩個字——實在，實實在在地做著符合自己創業規模的事情，實實在在地走好創業的每一步。不僅讓人希望跟他合作，更希望能成為像他一樣的人。

廚房內場最細漢，成就日後大老闆

「大成，你鼓勵大學生在畢業後直接嘗試創業嗎？」這是我在演講中很常被問到的問題之一。而這個問題則可以切分為三種選項：讀研究所再創業、進入職場再創業以及直接創業。

對我來說，知己知彼、百戰不殆，先有替老闆打工的經驗，才知道如何當好老闆，接下來就來說說那些我畢業後的打工人生。

我在大四的時候，因為學分已經大致修完了，在校的時間少，自由的時間多，我選擇到餐廳的內場打工，磨練自己的廚藝。然而因為不是餐飲本科畢業，我在廚房裡屬於完全的菜鳥，所以只能負責洗菜、備料等學徒工作，但在這段期間，我仍然有很多經驗累積。

首先，我了解了整個餐飲行業一天的工作安排，從

採買、備料、製作半成品、出餐、清潔，團體的紀律生活及工作分配，讓我知道餐飲是多麼辛苦的行業。再來，我唯一磨練廚藝的機會就是製作「員工餐」，辛苦的老師傅們在出完顧客的餐後都去休息了，員工餐則交給最「細漢」的我。

師傅們對於員工餐的要求很簡單，有熟、吃了對身體無害就可以，所以我可以盡情的發揮。無論好吃與否，前輩師傅們都會很真誠的給予建議，讓我得以成長，幾個月下來，我也練了不少拿手菜。

大學畢業後，我進入了電競產業，輾轉來到了上海的電競俱樂部，在這裡我感受到了真正的職場壓力。電競是一個很特別的行業，它很新、很野，不重學歷、只重實力，人才汰換的速度非常快，在這樣的環境中，要站穩腳跟只有一途：比別人更努力。

作為電競經理，哪怕我起早貪黑的努力，依然還是過不了職場文化這關。我上有主管總監，下有教練、選手、領隊，被夾殺在中間，一舉一動都是職場的行為藝術。

俱樂部有嚴格的管理規章，每當選手來向我提出通融違章的請求時，我都會陷入天人交戰。這次通融了，屬於對上級知情不報，但是狠心拒絕又容易失去選手的信任，當時年僅 24 歲的我，內心很容易被選手的請求動搖。

有一次，一位選手在比賽後，向我提出想破例外宿一天的請求，並承諾我「他會後果自負」，再猶豫了一番後，我答應了。然而現世報總是來得快，這件事馬上便被我的主管發現，並找我質問負責，當時主管對我說的話，成為了我今後的行為準則：「大成，規矩是為了團隊合作訂定的行為準則，它不是不能打破通融，但是就像所有的合約一樣，需要提前溝通告知。」

這件事無疑是我錯了，哪一天我成為主管、老闆，一定也會希望同事能主動商量，而不是知情不報（更何況我現在真的成為老闆）。

我鼓勵同學們先到社會闖蕩一番後再行創業，一方面是對於產業更多的認識，再者是為了認知人與人在職場中的互動距離。任何的工作經驗都是學習，不一定要拘泥於完整的公司培訓，有道是「師父領進門，修行在個人」，只要保持一顆學習的心，廚房內場亦是藍帶學校！

大成小記

1. 保持著一顆學習的心，把每一段經驗都轉化成自身的成長。
2. 先投入職場，才能在自己創業之後，掌握好人與人之間工作的距離感。
3. 每個職場都有屬於自己的文化，尊重它、理解它、成為它！

高手在民間，理髮店大哥教會我的創業三定

「今天還是老樣子嗎？」理髮店大哥數十年如一日的問了我這個問題。

「老樣子，修一下就好，謝謝。」我也熟練地回答他。

接下來要分享的，就是在我身邊的創業故事。

剪頭髮是每個人都必備的需求，服務的項目、收費、地段、身分地位又各不相同。對從學生時期就很愛美的我來說，我也沒少換過理髮店。有的店太貴、有的店太遠、有的店做出來的造型不合我意，當我正愁無店可去的時候，悠悠轉轉來到了就在家旁邊的一間男士理髮店。

剛走進店裡，我感到有些不自在，店員清一色都是男生，沒有招呼剛進店的我，甚至連看都不看我一眼，都在各自忙碌著自己手上的客人。我駐足了一會兒後，一位看起來像帶頭老大的大哥走向我：「今天怎麼剪？」

我支支吾吾地說完大致想要的造型之後，便被大哥領到了位子上。大哥人狠話不多，「庖丁解牛」般地在我頭上動刀，沒一會功夫便完成了。

「要沖一下嗎？」

「好……」

我便被領到洗滌區，臉朝下的把頭放在水槽裡，大哥便像洗冬瓜般的幫我把頭沖洗乾淨。最後回到座位，吹乾頭髮，揭曉成品。「驚為天人」是我對這次理髮造型的唯一評價，不僅是我想要的造型，更是適合我的造型。最後收費學生價 350 元，對臺北剪髮來說，真是相當實惠的價格！

從第一次走進這家店到現在，十年過去了，除了價格從 350 元的學生價，變成正常收費 500 元之外，其他一點都沒變（甚至連大哥的容貌都沒變）。長時間的相處下來，也讓我觀察到一些細節：除了大哥外，其他的店員會更換，但一率都是男生，而且學生很多。後來跟大哥聊天得知，他收徒都收美髮科的男同學，教育他們做事乾淨俐落、男士造型。

想當然耳，會來這邊理髮的客人都是男生，而且都有共同需求：快狠準、不需要多餘服務、有型又便宜，定位非常的精準。最後就是一顆永遠學習的心，大哥跟我說：「造型潮流是與時俱進的，所以他每年都會帶團隊去日韓交流，員旅之餘也學習最新的潮流。」這位大哥真的是一位十足的創業家！

產品最重要的三個元素：定價、定群、定位。理髮大哥明確了定價，讓學生和社會人士都享受滿意的服務品質；定群也很精準，男性、效率，放學、下班的人群，回家路上剪個頭，快速又有型；最後定位，既不是最便宜的百元剪髮，也不是最高端的美髮沙龍，而是介在中間價位的服務，但相當不俗的品質，讓享受過他服務的人一來再來。

「三定」完善之後，他在人才選用、人才培訓上也非常系統化，只要他還營業的一天，就永遠都能提供穩定的服務品質，是個人創業的典範，值得我學習！

大成小記

1. 定價、定群、定位，決定了產品的開發方向，是所有創業者要在一開始就想清楚的重中之重。
2. 完整的流程化體系，可以讓經營變得穩定且永續。
3. 每種產品都有客群，抓住自己要的客群，比貪多嚼不爛更容易成功！

賣冰的夜市人生，青春的創業故事

「創業」在我原本的想像中是比爾．蓋茲、馬克．祖克柏，在大學時期就開始做的驚天動地、一鳴驚人的企業。在我成長的年代，網路剛剛興起，智慧型手機和各種 APP 的出現，創造了很多新型態的機會。隨著時間發展，這類型的創業機會也趨近飽和、被資本壟斷，所以我也開始思考「創業」究竟是什麼？

近期我跟朋友相約在臺北夜市，逛著逛著，我看到了好幾間新開的「烤棉花糖冰淇淋」，好奇心驅使之下，我試吃了三間不同的店家，同時也跟老闆們都聊聊天。

一問之下才知道，原來這是韓國正夯的街頭甜點，外頭焦脆的棉花糖，配上濃香軟糯的冰淇淋內餡，成為了風靡今夏的解暑勝品。作為敏銳的創業者，我當然很好奇背後的成本結構、商業模式以及複製的可能性，所以我在等待老闆烤棉花糖的時間，也多跟他們聊了幾句。

我吃的這三間店中，有兩間是這個夜市的老店家，最近才開始轉賣烤棉花糖冰淇淋，老闆大約是我會稱呼其大哥的年紀，在我問及他們棉花糖冰淇淋貨源的時候，他們也毫不避諱地跟我說是跟一間供應商統一訂購的。所以就商業的角度來說，這兩位大哥賺的其實是現場加工的「人工費」，真正的食材利潤，是被供應商賺走的。

第三間店家就比較特別，光從攤位整體氛圍就更吸引我的目光，明亮的招牌、活潑的店名、便宜十元的價格，最重要的是兩位年輕有活力的老闆。一問之下，這兩位年輕老闆是附近大學的應屆畢業生，在察覺到烤棉花糖冰淇淋的商機後，決定來設攤試試看。

我問他們為什麼可以賣得比較便宜的時候，他們說：「因為我們的棉花糖是自己做的啊！齁！做起來真的很麻煩啦！」以口味上來說，這家確實是最好吃的，而且可能是因為自製的緣故，吃起來用料天然。

這樣的模式不僅賺到了「人工費」，也賺了「食材費」，如果能再加上品牌行銷、規模化生產、加盟及標準化管理，日後它就會是一間連鎖的烤棉花糖冰淇淋，這兩位年輕老闆無疑是在「創業」。最後我們的對話結束在對他們的祝福聲中，希望下次再去光顧的時候，他們已經做出另一番事業了！

創業百百種，選擇可行性高、能有所作為的，遠比好高騖遠來得容易成功。創業過程中，居安思危，把當下每一步做好；視野寬廣，要了解自己創業後續的發展可能性，對我來說，這就是「創業」。

大成小記

1. 創業不分大小，找到有可行性的事業，才有可能真正執行。
2. 「開業」非「創業」，要把後續規模化的進程考慮進去，才不會到頭來只是在賺自己的「薪水」。
3. 創業是一個需要不斷自我調整的過程，只有創業者自己能為自己的事業做出最好的決定。

創業學長真實又令人心疼的告白

「拿安定去換有趣的生活，本來就是創業的基本。」這是其中一位我熟識的高中學長他的創業獨白。最近跟很多創業者們交流，其中這位學長是高中社團就認識到現在，非常熟悉的一位前輩，因此他的心路歷程對我特別有啟發。

這位學長莊大，是一位開心果型的人，有他在的場合總是不乏歡笑。清華大學畢業之後，他在科技業工廠工作。他創業的初衷很單純：朝九晚五很無聊、很煩，抱持著「就算創業失敗也可以再回去工作」的覺悟，他選擇開店。

他跟太太兩人在頭份經營了一間咖啡廳，從選址到裝修、菜單、製作，都由他們夫妻倆親自經營。當時聽到莊大做了這個決定，我們社團同學們都覺得意外又突然，同時當然也給予他們最真誠的祝福。

隨著時間推移，大成小館的創業規模也日益穩定，在一次跟莊大的對話當中，我問起他創業的心路歷程。無論成敗如何定義，他給了我最真實的心情。

「學長，你有曾經後悔做創業這個決定嗎？」

「每天啊！在我開店確定可以賺得比之前的工作還要多之前，每天都嘛在後悔。」

「那學長至少有覺得這段生活比較開心吧？」

「我的想法很簡單，開店已經賺的不多了，至少我一定要心情開心，不然很虧。我每天都是這樣鼓勵自己，不要對奧客生氣。」

「那至少至少，是一個不錯的經驗吧？」

「走過一遭還是有趣啦！一定有某種意義上的收穫，也碰到很多很酷、很讚的客人。拿安定去換有趣的生活，本來就是創業的基本。既然選擇了這條路，就要把這條路能得到的好處榨乾。」

我認識很多創業者，大家在分享自己的創業故事時，都會說「如何成功」、「我的經驗」，包括我自己也是。

只有莊大學長給了我最真實的心路歷程，可能是因為我們認識很久，也可能是因為莊大就是這麼真實的人，但我真的非常感謝他的坦白，他就像是幫很多創業者道出自己不敢直視的心聲，也用最樂觀的態度去面對壓力，我很崇拜莊大。

現代社會中，我相信很多人或多或少都會有莊大當時的心情：「朝九晚五好無聊」，但並不是每個人都有勇氣去跨出創業那一步，當然，也不是創了業就萬事平安了。

創業值得與否，莊大到現在都沒辦法給出明確的答案，我也不行，但是想改變現狀的那份心情，還是非常值得推崇的。

如果身為上班族的你也覺得朝九晚五好無聊，不一定要拋下現在的工作，可以從斜槓或利用空閒時間的微創業開始，讓自己的生活更添色彩！

大成小記

1. 拿安定去換有趣的生活，本來就是創業的基本，要有冒險的精神，才不會被創業帶來的挫折打敗。
2. 創業期間會碰到很多不如意的人、事、物，一定要有調整心態的方法。
3. 既然選擇了創業，無論成功與否，一定要把能學到的帶向未來的人生。

PART 5

陪我走過二十代的人生

——關於人生規劃

存到 150 萬的第一桶金

「包圍打他！推基地！」此起彼落的選手呼喊聲及鍵盤敲擊聲中，我度過了在上海當電競經理的一年。

工作內容先不談，但我的生活卻過得非常規律，住在電競俱樂部提供的基地宿舍，跟選手睡上下鋪，每天中午 12 點上班，晚上 12 點下班，三餐是俱樂部提供的便當，每個月放假 3 到 4 天，放假基本上都在電腦前打遊戲度過。這樣的生活雖然規律乏味，但是也非常省錢，每個月的薪水幾乎都存了下來。一年下來，我也存了接近百萬臺幣，成了我的第一桶金。

雖然我原本並沒有規劃要創業，但是不知道是我的客家血統作祟，還是金牛星座的影響，我從小就喜歡存錢。大三時，我在廚房內場打工，大四則是在 Yahoo 電競實習，畢業後就進入電競產業。

20 歲之後，我每個月都有收入，也每個月都在存錢。每個月月初，我就會規劃當月能花多少錢、要存多少錢，一個小技巧是——預留「奢侈金」。在日常開銷之外，難免會有「突發狀況」要花錢，譬如說杰倫的演唱會、新遊戲的發售、冬季的新款衣服……等，簡單來說，奢侈金就是拿來「爽」的，讓儲蓄顯得沒有這麼痛苦。

在 2020 年我決定要創業的時候，戶頭裡存了大概 150 萬元，當時我還不到 25 歲。在一次的演講中，我被一位商研所的同學質疑：「你說可以靠自己工作存第一桶金來創業，會誤導現在很多年輕人，追尋不可能的夢。」

被質疑的當下我有些錯愕，難道我的創業歷程是偏差的嗎？隨後我便反問道：「同學，你想創怎麼樣的業？」他解釋道，他想開發一個統整教育課程的 APP，讓用戶可以用定位的方式搜尋可以上的課，包括健身課、烘焙課、語言課……等。我隨即明白他為什麼質疑我，因為我們對於創業定義的本質不同。

以大成小館的創業而言，只要幾十萬元的貨款，再加上一點營運費用就夠了。但如果是要開發一個 APP，或是建立一個加盟品牌，那可能百萬甚至千萬元都不夠。這也是當初大成小館以食品為出發點的原因之一，創業的現實可能性比理想性更為重要，有多大的腳就穿多大的鞋，不然會寸步難行。

當然，累積第一桶金不是創業的唯一途徑。拿投資、募資、貸款、集資，都是創業的管道，但是這些方法並沒有比較簡單。要拿到投資、募資，需要完整的計畫、充足的人脈、對投資人交代……等，我見過太多胎死腹中的創業計畫，原因都是找不到錢。而我分享的，是我覺得每個年輕人都可以做到的方法，一個可以從自己出發，只要努力就一定會有收穫！

大成小記

1. 從年輕就開始儲蓄，就算不是為了創業，拿來理財投資，也能快速累積財富。
2. 制定儲蓄計畫並且嚴格執行，為了能嚴格執行，把計畫安排得人性化一些，比起一曝十寒，細水長流才是王道。
3. 找到自己的創業模式，有多少錢做多少事，能實現的夢想才是美夢。

站起來的勇氣，翻倍的月薪

氣氛凝重的會議室裡，我堅決地說出：「給我一個機會，讓我跟您同行一次，證明我自己。」這是我在上海說出最大膽的一句話。

2019 年在上海擔任電競經理時，我的主管推薦我去做董事長特助，他覺得那樣的位置會更適合我。接到消息的我，內心既興奮又忐忑，興奮的是能升職；忐忑的是，我完全不認識董事長。

在推薦的當天，董事長、主管和我三人有一次會談，那也是我第一次跟董事長說話。董事長很年輕，當時只有 25 歲（比我大 1 歲而已），平頭、壯碩的身材、輕鬆而銳利的目光，渾身無不散發出霸氣。他第一句話就問我主管：「他是什麼性格的人？」

我主管回答：「做事很認真、正直，但比較溫柔。」

聽到「溫柔」這兩個字，董事長眉頭一皺，就開始跟主管聊起其他業務的事情，沒有再談我的事了。短暫的談話過後，董事長準備起身離開，我眼看機會就要從眼前溜走，便猛地起立說：「十月在歐洲的世界賽，讓我當您的貼身翻譯，給我一個機會，如果覺得我不行，可以到時候再拒絕我。」說罷，我面紅耳赤心跳加劇，在董事長、主管面前「推翻式」的言論，讓我備感壓力。

沒想到董事長只輕輕地說了一句：「好。」並露出一抹微笑就離開了。主管還在原地用不可置信的眼神看著我，同為臺灣人的他，也從沒在董事長面前這麼大膽過，他對我說：「大成，你剛剛也太猛了吧！」

後來我隨董事長去了一趟歐洲，貼身幫他翻譯，相處了 2 週，回到上海之後，能力得到肯定，便正式升任為董事長特助，除了薪水翻倍之外，也能接觸到公司管理的方方面面。我後來問起董事長，為什麼同意讓我當助理，他說：「你有膽量站起來爭取，我要的就是這種勇氣。」

在上海工作的一年裡，我學到了很多，其中會陪伴我一生的就是這份勇氣。他人眼光、害怕失敗、害羞尷尬、不敢表達，生活中有很多阻礙我們勇敢的因素，碰到這些情況的時候，我都會跟自己說一句：「那又如何？」以此來突破心裡的障礙，因為膽怯只存在自己心中。

帶著同一份勇氣，我創立了大成小館。創業之初，我會的實在是太少了，一路上被供應商、通路商、平臺給我各種教育，遇到比較不客氣的，還會直接罵：「什麼都不懂還要來做電商。」面對數落，我並不難過，反而能因為有所成長而感到開心。

每一款產品的上架，就是一次把自己的品味公諸於眾的審查，成敗與否，也都需要勇氣去面對。勇氣是一次一次的訓練培養起來的，把握每一次練習的機會！

大成小記

1. 把握每個機會，不要因為膽怯或害羞，讓成功的可能性從指縫溜走。
2. 周遭的眼光和看法，是自己給的壓力，心裡默念「那又如何？」就能「天下無敵」。
3. 勇氣是訓練出來的，千萬不要放過每一次勇敢爭取的機會。

江大成求職二分法

每到畢業季，都會收到不少私訊詢問有關求職或是未來職涯規劃的事。找到一份適合自己的工作，絕對是畢業生最重要的課題之一，甚至是很多人一生在追求的目標。對我而言，一份合適的工作要符合兩個條件，一是滿足自己的興趣，二是發揮自己的專長。兩者都符合，不僅會做得很開心、有熱情，也能有更得心應手的表現。

以下我們以小江為例，他是一位具備影片剪輯能力的 NBA 資深球迷，一起來探討他會經歷怎麼樣的求職過程。

所謂興趣，並不只是嗜好或是休閒，可以把它想像成是對一個領域比別人有更多的理解，甚至是對其能產生經濟價值的深刻認知。小江是資深的 NBA 球迷，他不只是休閒時候看球，他對 NBA 的球員有自己的評價，對選秀、賽季、團隊建立、後勤團隊都有認識，甚至進一步能了解球團以及聯盟的營利模式。

在籃球的這個領域中，他不僅僅是個球迷，更是能與其他一般球迷展現區別化，從而產生經濟價值的興趣。但是這個時候問題來了，小江有再多的理解，他要怎麼切入這個產業呢？這時候就是專長，或是我們說專業技術展現的時候。

專業技術可能透過人格特質去延展，或是從學校、書本上學習，所得到能產生實質貢獻的能力。譬如說，透過開朗熱情的人格特質所延展的公關能力，或是從學校或網路上學習的影像剪輯能力等。小江具有影像剪輯能力，他可以從事電影製片公司的剪輯、抖音剪片師，或是 NBA 題材相關的影像製作者。

當他在選擇產業的時候，他會毫不猶豫的選擇成為體育媒體的剪片師，專門負責 NBA 影片的剪輯。如此他不僅工作時會很有熱情，每天浸淫在自己熱愛的領域中，工作也能做得更得心應手，能用正確的角度去呈現籃球的美。畢竟，誰會想看一個剪文藝片的人做出來的熱血籃球剪輯呢？

再說說我自己，電競一直是我的嗜好，透過長時間的觀察及理解，我讓我在這個興趣中，產生了比一般觀眾更深刻的理解。我的專業能力是認真負責、善於溝通，配合上對電競產業的認識，我成為了戰隊經理，利用我的溝通跟負責，來管理選手。

理解的培養當然是從興趣出發，甚至可以刻意的想方設法去多了解這個領域，以產生職場上能利用的價值。小江他可能除了日常看球之外，也會關注很多籃球新聞，甚至是向其他人請教討論。專業技術則是靠對自己性格的認識，以及認真的學習獲得，沒有太多的捷徑。現在對求職有困惑的朋友，不妨從這兩個觀點去剖析自己吧！

最後還是要說，認真負責、勇於溝通、團隊合作，是大多數行業都需要具備的特質，而且是透過訓練，每個人都做得到的。找到合適自己的路，並盡心盡力的做好，這也是生活中不變的真理。

時刻提醒自己，人生很短，找到自己熱愛的事，並毫無保留的去做吧！

我很慶幸當時沒選擇讀碩士

「大成，你為什麼沒選擇在大學畢業後繼續讀碩士？」這是在一次演講中被同學問到的問題。對於大三的她，忙碌於實習、課業的同時，最重要的就是決定未來的方向，要升學還是就業？

當下我的回答是：「我不知道我要讀什麼，所以就沒讀了。」雖然聽起來隨意，但卻是事實。

大學三、四年級時，我因為參與了臺大電競社，又參加了電競校園聯賽，因而結識了很多電競圈的前輩，並對這個行業充滿憧憬。在還沒畢業時，就已進入電競產業相關公司實習，並且把電競當作我畢業後的第一份工作。因此，我在大學畢業前夕，同學們都在準備碩士申請資料的時候，果斷去電競媒體實習，不考慮繼續進修。

而後，我又輾轉去了北京和上海，不僅做電競相關的工作，也學會異地獨自一人的生活自主能力。後來因為疫情的關係，我回到臺北，這時的我重新把「攻讀碩士」放進了人生道路的選項。

我不斷問自己，如果要讀碩士，我要讀什麼？我在臺大讀的是經濟學系，但是我其實對經濟的學術研究並沒有太大的熱情，甚至有些牴觸。另一個選項則是 MBA（工商管理碩士），這個選項有很多人推薦，甚至覺得我就應該要讀 MBA，只不過我後來選擇用另外一種形式來了解「管理」這件事，那就是創業。

大成小館在我們一路磕磕絆絆中成長茁壯，在這個過程中，我固然有非常多的學習，而學到最多的就是——我會的其實很少。在我分享過的文章中，講到了創業的各方面，講到了很多我們的學習、阻礙跟進步，我不禁就會反思，是不是我一開始去讀 MBA，就可以少走很多彎路呢？而現在的我給出的答案是，如果再給我一次選擇的機會，我也會選擇先創業。

創業的過程就像是在寫一份考試範圍沒有教過的試卷，邊寫邊解題邊學。寫完考卷後，當然要對答案檢討，

並把錯的題目記錄下來。攻讀碩士，就是把整理的錯的題目，再去教科書上翻閱學習的過程。只有知道自己想學什麼，才可以選擇適合的科系攻讀。

我很羨慕大學時期就對自己碩士學位有明確目標的同學，但同時也慶幸自己沒有在大學一畢業的時候，去硬讀一個我不喜歡的碩士學位。正因為沒有讀碩士，我才能進入最喜歡的電競產業，才能有上海、北京難得的生活經驗，才會創辦了大成小館。

未來會不會再去讀碩士我不知道，但我知道要讀一定要讀自己喜歡、有明確意義的碩士學位！

大成小記

1. 不要讓自己的人生劇本被寫好，有時候「封筆」四處看看，能寫出更好的新篇章。
2. 接近畢業時，除了學校課業之外，多花時間去探索自己的興趣、志業。
3. 如果要讀碩士，一定要讀自己有愛或是有明確目的的學位。

我把自己嫁給了事業，但真的能白頭偕老嗎？——工作 vs 創業

「你現在過的是自己想要的生活嗎？」這是每個人一輩子不斷縈繞在心中的問題。然而在大學剛畢業的這個階段，人生充滿各式各樣的選擇，正是可以把人生掌握在自己手上的年紀，如果是你，你會怎麼選？

很多人聽到我在創業的反應是：「好棒喔！當老闆自己管自己，自由時間很多！」從語氣中可以聽出他們對於創業的想像是自由、不用被管，這當然是創業的好處之一，時間可以自己安排，但它的反面意味著工作將融入生活當中，選擇了創業，從此之後，人生再無休假。

大成小館誕生之後，我就像慈父一般，二十四小時都想著它，甚至自己休閒的時間也會拿來研究食譜、控制體重、演講訓練，為了可以在直播中更好的呈現大成小館。

我把工作融入進了生活，時間自由了，心思卻鎖死了。

還有人聽到我創業的反應是：「創業當老闆，一定賺很多吧！」是，大成小館這兩年的盈餘結算下來，是比從前我上班的時候多，但是這不一定會是常態。任何的投資都有賺有賠有風險，創業也不例外，就算短期賺得多，要想長期獲利，仍要步步為營。

大成小館這幾年的營運狀況算是還不錯，同仁們有拿到獎金分紅，我也確實累積了一些資本，然而面對未來，縱使我是個樂觀的人，我依舊略帶悲觀，這份悲觀來自於對未來的不確定。

「我明年能賺到一樣多的錢嗎？」、「明年大環境景氣好嗎？」、「未來的商品趨勢是什麼？」這些問題不是偶爾，而是常駐在我的心中，這就是創業者。

以上就是就業跟創業在行為誘因上的常見重點，錢、自由。但是在我已有的三年創業經驗中，我可以很負責任地說，創業可能會讓你更沒錢、更沒自由，所以我不建議把這兩點當作創業的誘因，更不是讓你放棄現有工作的藉口。創業是一件很浪漫的事，就像在教堂對另一半許下白頭偕老的承諾，創業就是把自己的全部永久（或暫時）奉獻給一段激情，而最後希望可以開花結果。

因此在這邊我推薦一個折衷的方案，邊工作邊創業！我有一位學妹，目前任職於外商公司的行政人員，但是她下班後的另一個身分是代購女王。她利用假期及週末進行代購事業，一開始只是自己出國玩的時候「賺點旅費」的想法，沒想到現在每個月的收入已經超過她的本業。

我問她為什麼不辭職，專心做代購？她的回答是：「我還沒想好下一步怎麼走，如果辭職了，時間那麼多我要幹嘛？但是我最近有想要開公司來把規模做大，到時候再看看吧！」一邊工作一邊創業的她，讓我看到了最開始創業的自己，且做且走且看，不一定要把人生的賭注放在一個決定上，穩紮穩打或許才是更好的選擇！

大成小記

1. 創業不是逃避上班的藉口，時間、金錢也不一定會更自由。
2. 一邊工作一邊創業，從下班時間能力可及的範圍開始，進可攻，退可守。
3. 一旦選擇了創業，意味著全身心時間的投入，做好心理準備吧！

追夢一定要科學，我的電競之路

「讓我們歡迎臺灣大學代表隊！」主持人渾厚的嗓音，震醒了上臺前緊張的我，加速的心跳、隊友的鼓勵、舞臺的燈光，我曾是一名業餘電競選手，我很慶幸當時追過電競夢。

我從小就很愛玩電動，週末在媽媽發飆之前，我都沉浸在電玩世界中。在我高二的那一年，「英雄聯盟」正式上線，並且蔚為風潮，讓電競行業的發展來到了新的高度。大三的時候，我加入了「臺大電競社」的英雄聯盟戰隊，結識了一群同愛電玩遊戲的夥伴一起組隊，憑實力爭取到了代表臺灣參賽「國際大學冠軍賽」的資格。

當時賽事在臺北花博流行館舉辦，雖然是學生聯賽，但是配置、場布、轉播，都是職業等級的，對我們學生選手而言，感到既新鮮又榮譽，雖然最終止步小組賽，但依舊是難忘的體驗。

能作為選手在舞臺上打比賽，是我電競生涯的高光時刻，但它也絕對不是終點。畢業在即，我大四選擇到「Yahoo 電競」擔任媒體製作人，尋求在畢業後直接投入到電競產業的機會。對於當初直接投入電競工作的這個選擇，身旁的同學、教授、親戚，很多人感到不解與惋惜，覺得「名校」畢業的我，應該找一份「更好」的工作。

當時還沒出社會的我，面對這麼多的質疑，內心難免會有所動搖，但最後我仍毅然決然投身電競工作。當時我給自己的解釋是：「不應該用任何價值，來定義一份工作的『好壞』。」熱情、夢想是無價的，更何況我的薪水並沒有比其他工作來得少，也沒有違法亂紀，僅僅是別人的「眼光」覺得沒前途而已。

而後去到了上海，很深度的參與電競產業，不僅得以一窺很多產業祕辛，更了解電競產業的大規模以及競爭性。對我來說，這也難得提供了我一段離開家鄉工作生活的經驗，一個人被大城市的快節奏吞噬的壓力感，都推著

我在剛出社會的階段不斷成長。在工作過程中，升職、加薪也帶給了我工作上的成就感，並了解到完成自己任務的責任感，雖然最後因為疫情緣故回到了臺灣，但是也已經收穫滿滿。

從大學到出社會，從臺北到上海，電競陪我走過了人生變動最大的階段，對我來說雖然是追夢，但是我得到的一定不比別人少。這段旅程除了存到了創業的第一桶金和各式各樣的成長成熟之外，最重要的意義在於，現在的我回頭看，我不會後悔。

不會後悔為什麼沒有追夢，自然也會對自己現在正在做的事多一份信心！「科學追夢」是我很鼓勵身邊年輕朋友去嘗試的，所謂科學就是要評估合理性、實際可行性及經濟能力等，作出科學的分析以後，就勇敢去追吧！

大成小記

1. 沒有人可以替自己決定事情的好壞，同樣的，也要為自己的每個決定負責。
2. 趁年輕做自己想做的事，失敗了也都是很好的經驗，成功了可以繼續往下走。
3. 追夢一定要科學合理，它不是放縱任性的藉口。

北京不是我的家，我的家鄉沒有這麼冷
——外地生活帶給我的四堂課

發燒腹瀉，虛脫在北京的公寓裡，我食物中毒了。

畢業的那年，我來到北京做電競相關工作，這是我第一次一個人在外地過自給自足的打工生活。比起對未來陌生的不安，更多的是興奮期待的情緒，然而就是這份過度樂觀，才造成了後來的慘案。下面來聊聊我一個人在外地工作生活的大小事。

畢業當完兵後，當年的十二月，我來到北京的公司報到，當地的行政助理帶著我去辦手機、找住宿，具體的行程我已經忘了，但是那個零下十度的刺骨寒溫，我仍然記憶猶新。頂著那樣的寒溫，我在戶外用了一整個下午的手機，用到手指關節都凍傷了，那是我活了這麼久第一次知道，原來我的皮這麼脆弱。

→我在北京學到的第一堂課：一定要了解天氣的殺傷力。

當時外賣、打車軟體、網購等新型網路服務，在臺灣都還未盛行，但是一到北京之後，它們已經是生活的必備技能了。由於當時還沒有習慣這種生活模式，我還曾在住家附近尋找超市和便利商店，打算採買生活必需品，結果找了老半天沒找到，還差點凍死在路上。同事們聽到之後，急著幫我在網路上訂，事後還不忘調侃我一番。

→我在北京學到的第二堂課：一定要入境隨俗，了解當地生活習慣。

等到生活逐漸上了軌道，終於迎來了第一次同事團建聚餐，吃小龍蝦。小龍蝦對我來說，是只有在電視劇看過的食物，抱著好奇又無知的心情，我當天瘋狂大啖小龍蝦，味道確實不錯！然而當時的我，還不知道問題的嚴重性。聚餐結束回家當天晚上，我開始上吐下瀉，隔天早上還發高燒，到醫院看病後，被診斷是食物中毒造成的急性腸胃炎。

我詢問了前一晚一起聚餐的同事們，所有人都相安無事，就只有我生病了，顯然不是食物有問題，而是我的腸胃不適應。後來上網搜尋才了解，有些小龍蝦的養殖條件沒那麼衛生，如果沒有適當的清洗，很容易造成腹瀉。後來如果有任何友人來到北京、上海說要吃小龍蝦，我都會建議外地人不要輕易嘗試……

→我在北京學到的第三堂課：禍從口入，一定要認識自己吃的食物及其危險性。

生活在臺北，要去哪裡都很方便，三十分鐘的距離，幾乎可以囊括我一週所有的生活範圍，而到了北京，卻不是這麼一回事。有一次要出席一場重要的應酬，老闆跟我說：「不遠，你下班就叫車過來吧！」

我們下班時間是六點半，飯局是晚上七點，我當時心想，如果不遠的話，三十分鐘車程應該來得及吧！便悠悠哉哉的去叫車了。沒想到下班時間的北京街頭，塞車塞得水洩不通，最後為了不要遲到，我直接下車騎共享單車在北京街頭飛馳，最後還是遲到了十分鐘。
→我在北京學到的第四堂課：每個地方的交通狀況不同，一定要了解當地最有效率的交通方式。

　　錢多、事少、離家近，是完美工作的三要素，雖然我可以理解，但是身為創業者，如果有更多的生活經驗或地域經驗，更能促使自己培養適應環境、改變環境的能力。有機會的話，換個地方工作、生活，體驗更豐富的人生吧！

27 歲的搖滾社會人士，工作後的勞逸結合

「謝謝大家！我們是附中樂研！」

伴隨著臺下的歡呼及掌聲，我享受著高中成果發表會般的熱情，當時我已經 27 歲了，沒想到還能跟高中同學們一起歌頌青春，這一切都要從有規劃的勞逸時間分配說起。

我高中的時候是流行音樂研究社（簡稱樂研）的樂團鼓手，我們會自己創作音樂、編曲，並在高二下的時候舉行成果發表會，度過了很充實的高中社團生活。

然而再激情的樂譜，也有演奏結束的一天，隨著高中畢業，大家考上不同的大學後各奔東西，我們的樂團也暫告解散。

時間來到高中畢業的八年後，團員們各自也已經出了社會數年，有的在金融圈、有的在科技業、有的在創業，這時有一位熱血青年出來把大家又召集了起來，他叫小伍。小伍在我們樂團中，一直是最有才氣的那位，他包攬了作詞、作曲、主唱、吉他等工作，上大學後，我們都笑稱他是「臺大蕭邦」。

小伍主動召集了高中社團成員們，以及這些年認識的志同道合的音樂夥伴們，想要來辦一場「工作後的成果發表會」。對於大多數的我們而言，這是一件有趣的事，既然有人願意當總召，那我們自然是一呼百應了。

然而要辦一場成果發表會談何容易，首先要克服的問題就是表演什麼？小伍從我們高中創作過的歌曲當中，選擇了幾首比較經典的、熟悉的，再加上有名的流行音樂，開出了節目單。

再來要面對的就是「樂團團練」，不同於學生時代，放學後就可以聚在一塊團練，現在每個人手邊都有自己的工作及行程，甚至住在不同的城市。為此，小伍擬了一份行事曆，盡量以最有效率的方式安排團練，讓新竹上臺北的樂手可以一次練到三首歌，讓兩週一休的樂手可以配合大家的時間。

Marshall
Marshall

除了表演的節目外，「錢」也是大哉問。場地、設備、酒水都要錢，小伍的目光自然放向了活動參與者的門票。要想收到門票費，除了賣情懷，更重要的是活動本身要有趣、熱鬧、好玩才行。

為此，小伍也建立了臉書活動，用來宣布活動預熱、早鳥優惠、活動宣傳及報名辦法，讓不認識附中樂研社的人，也覺得這是一項好玩的活動。

經歷了半年的籌備，活動非常成功順利，表演者歌頌青春，觀眾們也玩得盡興。這次活動的成功，小伍絕對是MVP，他本身在金融行業工作，工作繁忙之餘，也沒忘記最愛的音樂。他利用嚴謹的日程安排以及良好的溝通技巧，在完成手上工作的同時，依舊熱情追夢。

對於我來說，正因為是創業者，雖然心思被工作占滿，但是時間可以自由安排。我可以安排飛去上海見電競圈老友，看他們比賽，也可以有時間嘗試製作有興趣的食譜。

充實的生活、興趣夢想，跟繁忙於事業並不衝突，找到自己的步調，妥善規劃時間，就能讓工作與生活兼顧！

NOTE

江大成電商創業筆記

如何透過社群媒體、直播，轉化成商業流量，大成小館從零開始到年營業額破千萬的 58 堂課

作　　者／江大成
封面攝影／余尚彬
美術編輯／孤獨船長工作室
責任編輯／許典春
企劃選書人／賈俊國

總　編　輯／賈俊國
副總編輯／蘇士尹
行銷企畫／張莉滎・蕭羽猜・黃欣

發　行　人／何飛鵬
法律顧問／元禾法律事務所王子文律師
出　　版／布克文化出版事業部
臺北市中山區民生東路二段 141 號 8 樓
電話：(02)2500-7008 傳真：(02)2502-7676
Email：sbooker.service@cite.com.tw
發　　行／英屬蓋曼群島商家庭傳媒股份有限公司城邦分公司
臺北市中山區民生東路二段 141 號 2 樓
書虫客服服務專線：(02)2500-7718；2500-7719
24 小時傳真專線：(02)2500-1990；2500-1991
劃撥帳號：19863813；戶名：書虫股份有限公司
讀者服務信箱：service@readingclub.com.tw
香港發行所／城邦（香港）出版集團有限公司
香港灣仔駱克道 193 號東超商業中心 1 樓
電話：+852-2508-6231 傳真：+852-2578-9337
Email：hkcite@biznetvigator.com
馬新發行所／城邦（馬新）出版集團 Cité（M）Sdn.Bhd.
41，JalanRadinAnum，BandarBaruSriPetaling，
57000KualaLumpur，Malaysia
電話：+603-9057-8822 傳真：+603-9057-6622
Email：cite@cite.com.my
印　　刷／韋懋實業有限公司
初　　版／2023 年 11 月
定　　價／380 元
I S B N／978-626-7337-60-8
E I S B N／978-626-7337-59-2(EPUB)

城邦讀書花園 布克文化
www.cite.com.tw WWW.SBOOKER.COM.TW